Pointeurs laser

L'histoire du pointeur laser est étroitement liée à celle de

le laser . Bien qu'il était Albert Einstein qui a développé

la théorie de base de lasers dans le début du 20e siècle , il est

difficile de déterminer exactement qui est responsable de

l' invention du premier laser de travail . Alors que Théodore

Maiman est largement crédité de la création du premier laser dans

1960, il ya plus de trois scientifiques - Charles Townes ,

Arthur Schawlow et Gordon Gould qui soutiennent également

pour le même honneur . Gould a reçu un brevet pour son

invention en 1977 , 20 ans après son travail initial , mais par qui

de nombreux groupes de temps utilisaient déjà son invention .

Deux groupes américains sont crédités de l'invention de la

laser à semi-conducteurs en 1962 , l'une dirigée par Robert N. Hall

au centre de recherche de General Electric , et l'autre par

Marshall Nathan à l' IBM T.J. Watson Research Center .

Cependant , les pointeurs laser ne sont devenus pratique en 1970

grâce au travail de Herbert Kroemer des États-

Unis , Jaurès Alferov de l'Union soviétique et leur

collègues . En 2000 , Kroemer et Alferov reçu le

Prix Nobel de physique pour leur invention .

Un laser à semi-conducteur , un type de diode à semi-conducteur ,

est également désigné comme un laser à diode . Les diodes sont capables

de laisser passer le courant dans une direction et des diodes laser

peut produire de la lumière facilement quand l'électricité passe à travers eux. Ces diodes lasers nécessitent une protection de puissance

surtensions et les changements de température . Un circuit de commande de puissance

est utilisé pour prévenir la diode de réception trop

ou trop peu de puissance, et un boîtier en plastique peuvent protéger de la

température écarts .

Des lasers à semi-conducteurs utilisent des matériaux similaires à ceux de

transistors et circuits intégrés afin de créer un

milieu laser . Lasers à semi-conducteurs au début des années 1950 ( ) pourrait

seulement produire un rayonnement infrarouge non visible . Depuis lors ,

électronique de semi-conducteurs ont non seulement plus

peu coûteux à produire , ils sont également devenus plus petits

en taille et ont tendance à consommer moins d'énergie . Ils peuvent aussi

produire de la lumière visible dont le rouge est la moins coûteuse et la

bleu, violet , vert et sont parmi les plus chers

variantes . En conséquence, dans les années 1980 , les lasers à semi-conducteurs

est devenu assez abordable à utiliser dans l'électronique grand public

dispositifs tels que les pointeurs laser .

Amélioration massive de la technologie et une forte demande

ont contribué à faire baisser le prix des pointeurs laser

des centaines de dollars à moins de cinq dollars pour la

la plupart des types peu coûteux. De nombreux produits comme enfants

jouets , armes à feu et les projecteurs intègrent pointeurs laser .

RÈGLES

Une règle , appelée aussi une jauge de ligne ou de la règle , est une

dispositif utilisé dans le dessin technique , la géométrie , de l'ingénierie ,

architecture, et l'impression de dessiner des lignes droites , mesure

distances , et en tant que guide pour une coupe précise .

Homo sapiens ont utilisé dirigeants depuis l'antiquité . tandis que

la plupart des anciens souverains étaient en bois , les archéologues ont

ceux trouvés en ivoire qui ont été utilisés avant 1500 avant JC

par la vallée de l'Indus Civilisation . Une telle règle a été

découvert parmi les fouilles de Lothal et a été

du tout le chemin du retour à 2400 avant JC . On pense que ce

règle est divisé en unités mesurant chacun 1,32 pouces ,

marquée dans les subdivisions décimales avec une précision étonnante

(à l'intérieur de 0,005 pouce) . Briques antiques trouvés tout au long de

la région ont des dimensions qui correspondent à ces unités .

Industriel allemand Anton Ullrich est crédité de la

invention de la règle de pliage en 1851 . En 1887 , il a obtenu

un brevet pour la charnière à ressort alimenté utilisé dans son

invention . La société qu'il a fondée existe encore . En fait, c'est

fabrique une variété d'instruments de mesure sous

le nom commercial « Stabila .

Mais les dirigeants ne sont pas toujours faites de bois ou d'ivoire . ils

ont également été fabriqués à partir de plastiques et de métaux . et jamais

Depuis la découverte de plastique , règles faites de ce matériau

ont pris de l'importance car ils peuvent facilement être moulés

avec les marquages au lieu d'être inscrit sur . aujourd'hui

métal est principalement limitée aux dirigeants utilisés dans les ateliers , ou

intégré dans une règle en bois utilisé pour linéaire

coupe de préserver ses bords .

Dirigeants de bureau sont principalement utilisés pour tracer des lignes droites , à

mesurer les distances , ou à servir de guide pour couper le long

une ligne . Ces types de dirigeants ont distance marques le long de

leurs bords . D'autre part , une jauge de ligne est utilisé dans le

industrie de l'impression , qui utilise agate , picas , points et pouces

que l'unité de mesure . En outre, certaines jauges peut

contenir également des échantillons de largeurs de ligne dans plusieurs tailles.

Autres appareils de mesure tels que des règles pliantes utilisées par

charpentiers , et des mesures de bandes en métal , sont fabriqués

portable par pliage ou se rétracter dans une bobine . Le tailleur

la bande de tissu est un autre dispositif de mesure de longueur souple

qui est calibré en centimètres et en pouces . Il est utilisé pour

effectuer des mesures linéaires , ainsi que pour la mesure

autour d'un objet tel que le tour de taille d'une personne solide .

Une règle de contraction , également connu en tant que dirigeant de la démarque inconnue, est une

dispositif qui a des divisions plus grandes que la norme de mesure

unités pour compenser le retrait lors de la coulée de métal .

rapporteurs

En géométrie , un rapporteur est un carré , circulaire ou

outil semi-circulaire typiquement en plexiglas transparent

et utilisé pour mesurer des angles . L'unité de mesure

est habituellement degrés d'arc . Ils sont utilisés pour une variété

d'applications mécaniques et liés à l'ingénierie ,

mais peut-être l'utilisation la plus commune est dans la géométrie

leçons dans les écoles. Alors que certains rapporteurs sont simples

demi-disques , des rapporteurs les plus avancés , tels que le biseau

rapporteur , ont un ou deux bras oscillants utilisés pour aider à

mesurer l'angle .

La demi- disque rapporteur simple, est un dispositif ancien , datant

plusieurs milliers d'années . Bien que l'on pense que l'

véritable inventeur a été perdue dans les sables du temps , en 2011, un

possibilité intrigante est venu à la lumière. Un architecte égyptien

nommé Kha avait aidé à construire les tombes des pharaons au cours

la 18e dynastie égyptienne , vers 1400 av. En 1906 , son

propre tombeau a été découvert intact par l'archéologue Ernesto

Schiaparelli à Deir - al - Medina , près de la vallée de la

Rois à Thèbes , en Egypte . Parmi les affaires de Kha étaient

découverte des instruments , y compris les tiges de coudée mesure ,

un dispositif de mise à niveau qui ressemble à un carré moderne ,

et ce qui semblait être un vide en bois de forme irrégulière

cas avec un couvercle à charnière . Schiaparelli trouvé cet dernier objet

tenue d'un autre instrument de nivellement . Le musée de Turin ,

Italie , où les articles sont actuellement exposées , identifié

la caisse en bois comme le cas d'une échelle d'équilibrage .

Mais Amelia Sparavigna , physicien au Politecnico de Turin ,

a suggéré qu'il était un tout autre architecture

outil - un rapporteur . La clé , dit-elle , réside dans le nombre

codé dans la décoration ornée de l'objet , qui ressemble

une rose des vents avec 16 pétales espacés entourés

par un zigzag circulaire avec des coins 36 . Sparavigna ensuite

d'affirmer que si la barre droite de l'objet a été mis sur

une pente , un fil à plomb révélerait son inclinaison sur l'

cadran circulaire . Cependant , de nombreux archéologues sont sceptiques

de cette théorie et affirment que l'objet en bois est

simplement une affaire de décoration .

Le premier rapporteur complexe a été conçu pour tracer la

position d'un bateau sur les cartes de navigation . Appelé threearm

rapporteur ou de la station pointeur , il a été inventé en 1801

par Joseph Huddart , un capitaine de la marine anglaise . le centre

bras est fixe , tandis que les deux extérieure peuvent tourner , capable de

étant fixé à n'importe quel angle par rapport à celui du centre .

compas à dessin

Une boussole ou compas est un dessin technique

instrument familier à tous les écoliers . Il est utilisé dans

l'école dans les classes de géométrie pour aider à l'élaboration parfaite des cercles et des arcs . Il peut également être utilisé comme une paire de diviseurs

pour mesurer des distances , en particulier sur les cartes .

L'homme a boussoles connu et utilisé depuis les temps anciens .

En fait , les anciens Grecs les utilisaient comme l'enseignement de base

outils. Tous les théorèmes d'Euclide ont été prouvés en utilisant uniquement

deux instruments de dessin : une paire de compas et d'une règle

avec un bord droit . La forme de base de la boussole a

pas beaucoup changé depuis lors, mais l'acier et des plastiques

ont largement remplacé son matériel de construction d'origine ,

généralement en laiton . Dans certains tableaux médiévaux européens ,

la boussole est même utilisé comme un symbole de l'original de Dieu

acte de création , c'est-à- Genèse .

En 1606 , le célèbre savant italien Galileo Galilei publié

un traité consacré à la boussole , intitulé « Le Operazioni del

compasso géométrico et militare »(Le fonctionnement du géométrique

et boussoles militaires) . Il a ajouté une échelle graduée de la

dessin boussole et l'a utilisé pour démontrer le graphique

calcul de l'intérêt composé et d'autres fonctions .

L'utilisation littéraire la plus célèbre de compas apparaît dans un

Valediction : interdiction de deuil , écrit par John Donne ,

en 1611 . Le narrateur utilise la boussole comme une métaphore de

l'expression de la force de l'amour spirituel . Il compare son

amant de pied fixe de la boussole et lui-même au

autre pied sans mobile :

S'ils sont deux , ils sont deux, donc

Compas de jumeaux comme rigides sont deux ;

Ton âme , le pied trouvé refuge , ne fait pas de spectacle

Pour se déplacer, mais doth , si e ' autres le font.

Et si dans le centre sit ,

Pourtant , lorsque l'autre errent loin doth ,

Il se penche , et n'écoute après ,

Et pousse érigée, comme ce qui vient à la maison.

Cette Veux-tu être à moi, qui doit,

Comme autre pied ' e , exécutez oblique ;

Ta fermeté rend mon cercle juste,

Et me fait finir où j'ai commencé .

Saviez-vous ?

Le manteau des bras officiel de l'ex- pays de l'Est

Allemagne a présenté un marteau et un compas entourée

par une bague de seigle . Ces objets représentent les travailleurs ,

intellectuels , et les agriculteurs , respectivement.

Stylos à bille

Stylos utilisent encre visqueuse qui est distribué par le

action de roulement d'une petite boule située à l'extrémité de la plume.

Le ballon , généralement de 0,5 mm à 1,2 mm de diamètre , peut,

être en laiton, en acier , en carbure de tungstène , ou tout autre

un matériau durable .

Les premières versions du stylo à bille ont été brevetées multiples

fois, mais n'ont jamais été un succès commercial . la première brevet a été délivré le 30 Octobre 1888, à John Loud, un

tanneur de cuir . L'idée est venue à fort quand il essayait

à écrire sur ses produits et il n'a pu trouver aucune fontaine

stylo qui écrirait sur le cuir . De fort la plume avait une petite

rotation bille d'acier , maintenu en place par une prise . Cependant, cette

stylo n'a jamais été fabriqué . Étaient ni aucun de l'autre

350 brevets pour stylos à bille de type émis sur les 50 prochaines années

ans . Le problème majeur était l' encre des stylos les fuites

avec de l'encre mince , et bouché avec de l'encre épaisse . selon

la température , la plume lui arrivait de faire les deux.

László Bíró , un éditeur de journal hongrois , a été frustré

par la quantité de temps qu'il a perdu dans le remplissage fontaine

stylos et de nettoyage pages maculées . Il a remarqué que

encres utilisées dans l'impression de journaux séchés rapidement, laissant

le papier sec et exempt de taches , et a décidé de créer

un stylo qui a utilisé . Cependant, l' encre visqueuse ne serait pas

s'écouler dans une plume de stylo , de sorte Biro , avec l'aide de

son frère György , (re) a inventé le stylo à bille et

brevetés en 1938 . stylos antérieures avaient dépendu de gravité

pour délivrer l'encre à la bille , ce qui a causé des difficultés

avec le débit requis et que le stylo soit maintenu presque

verticalement . Le stylet utilisé Biro action capillaire et un piston

que la colonne sous pression d'encre , la résolution de ces problèmes.

La Colombie a constaté que Biros n'a pas de fuite à haute altitude ,

contrairement stylos . Alors ils autorisés cette nouvelle conception et le stylo à bille Biro fut bientôt être produit en masse pour

la Royal Air Force .

Très bientôt d'autres entreprises ont également commencé la fabrication

stylos à bille . Mais chacun d'eux encore rencontré de nombreux problèmes .

Parfois, les stylos seraient fuite , maculer le papier ou

ne pas écrire en douceur . Deux hommes se sont finalement résolus ces problèmes .

Le premier était un Américain du nom de Patrick J. Frawley Jr.

En 1949 , son entreprise a lancé son premier stylo à bille ,

le « Paper Mate » , dont le point de vente était le pas de frottis

l'encre . Le second était un Français nommé Marcel Bich ,

qui a lancé un , lisse écriture claire canon , nonleaky ,

Stylo à bille bon marché en 1952 qu'il a appelé

Bic Stylo . Le stylo à bille est finalement devenue une

instrument d'écriture pratique!

CISEAUX

Les premiers ciseaux ont probablement été inventé autour de 1500

BC dans l'Egypte ancienne ou la Mésopotamie et s'étendre lentement

dans le reste du monde antique par le commerce et

exploration . Ces ciseaux étaient des « ciseaux de printemps '

variété , comprenant deux lames de bronze connectés à la

poignées par une mince bande flexible de bronze courbe (la

point d'appui) qui a tenu les lames dans l'alignement , ce qui permet

qu'ils soient pressés ensemble et se séparèrent quand

publié . Ciseaux de bronze égyptiennes du 3ème siècle

BC sont des objets d'art uniques . Sur chaque lame , ils ont

mâle décoratif et figures féminines complimenter chaque

autre . Ceux-ci sont formés par des morceaux solides de métal d'un

différente incrusté de couleur dans le bronze .

Ciseaux de printemps ont continué à être utilisés en Europe jusqu'à ce que le

16ème siècle . Mais dans ou autour de 100 AD , les artisans romains

ciseaux coupe - lame développés , dans lesquels les bladeedges

croisés et glissé passé de l'autre lors de la coupe . la

point d'appui boucle restait encore , de sorte que les ciseaux reposés

dans une position ouverte après l'utilisation. Ils sont devenus commune

non seulement dans la Rome antique , mais aussi en Chine , au Japon et

Corée . Bien que l'idée contre- lame est encore utilisé dans presque

tous les ciseaux modernes , à seulement quelques variétés comme grassedging

Cisaille retiennent le point d'appui .

À un certain moment dans l'évolution de la paire de ciseaux , un inconnu

inventeur s'est rendu compte que plus de contrôle avec moins de main

résistance pourrait être obtenu par l'abandon du point d'appui,

la séparation des ciseaux en deux morceaux (joints avec un

vis ou rivets) et faire des boucles pour les doigts . Dans la cinquième

siècle, le scribe Isidore de Séville , en Espagne, décrit

ciseaux coupe - lames avec un pivot central comme des outils de la

barbier et sur mesure . Ces ciseaux pivotants de bronze ou de fer

étaient l'ancêtre direct de ciseaux modernes .

Ciseaux articulés ne sont pas fabriqués en grand nombre

jusqu'en 1761 quand Robert Hinchliffe a produit la première paire

de ciseaux modernes en durci et poli

fonte d'acier . Hinchliffe a vécu dans Cheney Square, Londres ,

et a probablement été la première personne à mettre une enseigne

se proclamant un fabricant de ciseaux bien.

Pendant le 19ème siècle , des ciseaux ont été forgés à la main avec

poignées richement décoré . Les lames ont été formés

en martelant l' acier sur les surfaces indentées appelées

patrons , et les anneaux dans les poignées , connues comme des arcs,

ont été faites par poinçonnage d'un trou dans l'acier et l'élargissement

avec l'extrémité pointue de l'enclume .

En 1967 , la Société a lancé Fiskars leur célèbre

ciseaux orange manipulés, qui sont toujours très populaires .

Post-it

Un Post-it ou collant note est un morceau de papier à lettres personnalisé

pour fixer temporairement des notes aux documents et autres

surfaces . Bien que maintenant disponible dans une gamme de couleurs ,

formes et tailles , des post-it sont généralement de trois pouces

canari carrés de couleur jaune . Un faible adhérence uniques

bande adhésive réutilisable à l'arrière permet les notes soient

facilement attaché et enlevé sans laisser de traces .

Le terme Post-it et la couleur jaune canari sont des marques des marques déposées de la société américaine 3M . jusqu'à ce que le

Des années 1990, lorsque le brevet a expiré , ils ont été produits seulement

dans l' usine 3M de Cynthiana , Kentucky . Bien que d'autres

entreprises produisent maintenant des notes « collantes » ou repositionnables ,

la plupart des Post-it Notes du monde sont toujours faites .

En 1968 , le Dr Spencer Silver , chimiste chez 3M , était

essayant de développer un adhésif super- forte , mais

au lieu accidentellement créé un peu collant réutilisable , sensible à la pression

adhésif . Pendant cinq ans , sans grand succès ,

Argent promotion de son invention dans 3M de façon informelle

et à travers des séminaires . Ce n'est qu'en 1974 qu'un collègue

de son , le Dr Art Fry , qui avait assisté à l'une de Silver de

séminaires , ont eu l' idée d'utiliser l'adhésif

pour ancrer le signet dans son recueil de cantiques pendant

services de l'église . Fry alors développé l'idée de

profitant de 3M officiellement sanctionnée permis

politique de contrebande : personnel de recherche ont été autorisés à passer

10-15 pour cent de leur temps à travailler sur des projets pour animaux de compagnie .

La couleur jaune de l'original Post-it a été choisi par

accident - un laboratoire voisin à l'équipe Post-it a la ferraille

papier jaune , qui l'équipe a utilisé pour ses expériences .

Finalement, la direction de 3M a été convaincu et les notes

ont été lancés en 1977 dans quatre villes sous le nom de presse

'N Peel . Les premières ventes ont été très décevants . Cependant,

un an plus tard , 3M distribué des échantillons gratuits aux résidents de

Boise , Idaho et un énorme 94 pour cent de la population

qui a essayé entre eux ont dit qu'ils achèteraient le produit .

Enfin , le 6 Avril 1980, le produit a fait ses débuts dans les magasins américains

comme Post-it . En 1981 , ils ont été lancés au Canada

et en Europe.

Saviez-vous ?

L'humble Post-it note a été utilisé pour créer grave

des œuvres d'art . En 2000 , pour célébrer le 20e anniversaire de

Post-it , les artistes ont créé illustration sur eux. L'un de ces

travailler , par RB Kitaj , vendu pour £ 640 à une vente aux enchères , ce qui en fait

le plus précieux Post-it note sur dossier .

STAPLERS

La machine d'abord connu pour la fixation papiers ensemble

a été faite dans le 18ème siècle en France à l'usage exclusif

utilisation du roi Louis XV . Chaque agrafe main était encore

inscrit avec l'insigne de la cour royale . Cependant,

cette machine n'a jamais été vendu , de même que l'utilisation croissante

de papier dans le 19ème siècle a créé la demande . américain

et inventeurs britanniques commencèrent bientôt breveter divers

machines agrafeuse - comme et introduit plusieurs concurrents

technologies sur le marché . Cette bataille a duré pas plus tard que la

1940 pour une raison simple : personne n'a eu tout à fait raison !

Par exemple , en 1895 , la Société de EH Hotchkiss

Norwalk , Connecticut , a commencé à vendre leur soi-disant n ° 1

Papier des clous . La machine utilise une longue bande de wiredtogether agrafes et grâce à sa facilité d'utilisation , sont devenus si

populaire qu'il est devenu connu simplement comme « la Hotchkiss .

Cependant, la conception a nécessité un coup lourd sur le

le piston de la machine à séparer les agrafes de leur bande

et les conduire dans une pile de papier . En fait, Hotchkiss

utilisateurs souvent gardés petits maillets prêts à cet effet .

Mis à part les brevets , la première utilisation du mot publié

agrafeuse était dans une publicité pour le livre Pin siècle

Agrafeuse qui a paru dans le Magazine de la Munsey américain

en 1901 . Toutefois , jusqu'à ce que les années 1920 , les termes tels que le papier

fixation , agrafeuse , et le liant de base ont été utilisés

pour décrire ce que nous appelons maintenant une agrafeuse .

Papeterie grossiste Jack Linksy fondée Swingline ,

qui a ensuite continué pour devenir l'un des plus connus

marques le document de fixation , dans les années 1930 . En 1937 ,

Swingline a développé le n ° Swingline vitesse agrafeuse

3 - le premier dispositif chargement par le haut . Il devient immédiatement

populaire en raison de sa facilité d'utilisation . Contrairement aux modèles précédents ,

où un tournevis et le marteau sont nécessaires pour insérer

les agrafes, Linksy et ses ingénieurs ont créé un breveté

unité dans laquelle le dessus de la machine a été simplement ouvert

et les agrafes ont chuté en plein dedans

L'agrafeuse moderne est restée pratiquement inchangée

depuis Linksy perfectionné en 1937 . Swingline est également crédité

avec la création de produits qui sont devenus la culture pop points de repère, comme le modèle rouge décrite dans le culte

bureaux de film . Les modèles électriques ont été inventées dans le

1950 , qui ont fait le document de fixation plus facile que jamais .

Saviez-vous ?

A ce jour , le mot pour agrafeuse en japonais est hochikisu ,

si la Société Hotchkiss a longtemps été hors de

entreprise .

Taille-crayons

Avant le développement des crayons dédiés , couteaux

(comme canifs) ont été utilisés pour tailler les crayons par

les tailler . Certains types spécialisés de crayons , comme

comme les crayons de charpentier , sont toujours aiguisé avec un couteau

en raison de leur appartement unique forme , conçue pour prévenir

eux de rouler.

En 1828 , un mathématicien français du nom de Bernard

Lassimone inventé le premier crayon mécanique aiguiseur

et une demande de brevet . Le taille-crayon utilisée petite métal

fichiers fixés à 90 degrés dans un bloc de bois gratté et

sol de la pointe du crayon . Cependant , son invention n'était pas

beaucoup plus rapide que grignotage et donc ne pas attraper le . En 1847 ,

un autre Français nommé Therry des Estwaux amélioré

sur la conception de Lassimone et est venu avec un taille-crayon qui

travaillé en tordant le crayon dans un boîtier en forme de cône .

Aujourd'hui cette conception est connue sous le prisme de taille-crayon .

Walter Foster de Bangor , Maine , amélioré et simplifié

La conception de Estwaux en 1855 , permettant à l'outil d'être facilement

produites en masse , et par les années 1880 , plusieurs sociétés ont été

fabrication crayons de prismes en grandes quantités .

Entre les années 1880 et 1910 , de nombreux inventeurs

103 de tous les jours Inventions.indd 18 22/05/13 09:37:34

19

Taille-crayons

et les entreprises ont relevé le défi de l'amélioration de la

portemine taille-crayon. Cette période de l'innovation

pratiquement terminée vers le milieu des années 1910 , lorsque crayons

utilisant deux cylindres planétaires avec la spirale des arêtes de coupe

a commencé à dominer le marché . Cette conception a réussi

parce que les gens ont reconnu que la bonne approche pour

crayons à aiguiser était à la fois sous le crayon et

Sharpener stable et permettent le fonctionnement interne se déplacent

uniformément sur le crayon , l'aiguiser . Les premières tentatives

de mettre en œuvre un tel papier de conception intégrée et /

ou lames , ni de ce qui a très bien fonctionné . Puis, dans

1896, le Dick planétaire de crayon pointeur AB a été breveté .

Ce taille-crayon utilisé deux disques de broyage qui « tournait

autour de leurs axes, comme ils en orbite autour de la pointe du crayon » ,

qui est ce qu'on appelle un mécanisme planétaire .

En 1904 , la Olcott Climax crayon en outre

amélioré la conception en introduisant une coupe cylindrique

tête avec la spirale des arêtes de coupe dans un mécanisme planétaire .

A la seule exception de la simple, peu coûteux

aiguiseur prisme , cette conception a continué à dominer

le marché . Le principal changement depuis lors, a été le

introduction de l'électricité pour faire tourner la tête de coupe .

Ces crayons électrique pour les bureaux ont été réalisés

depuis au moins 1917, mais n'a pas vraiment devenir commercialement

viable jusqu'en 1940 .

Scotch et scotch

Scotch , un nom de marque de 3M , a été développé dans le

1930 à Minneapolis , Minnesota par l'inventeur américain

Richard Drew Gurley . Quand Drew rejoint 3M en 1923 ,

il fabriquait principalement du papier de verre et d'autres produits abrasifs.

Un après-midi , Drew , qui était un jeune assistant de laboratoire à l'

temps , a visité un atelier de carrosserie automobile à St. Paul , Minnesota , à

tester un nouveau lot de papier de verre . Il y trouva quelques très

travailleurs en colère . Deux couleurs travaux de peinture automobile , qui étaient

populaire à l'époque , les requis pour masquer certaines parties

de la voiture à l'aide de ruban adhésif lourd et vieux journaux .

Après la peinture sèche , ils ont enlevé la bande et souvent

décollée partie de la nouvelle peinture !

Drew a réalisé qu'il y avait un marché pour la bande avec moins

adhésif agressif et c'est ainsi qu'a commencé un long et frustrant

quête de la bonne combinaison de matériaux . Il a passé deux

années à expérimenter avant de développer une formule qui

a été maintenu collant avec l'addition de glycérine et soutenue avec du papier crépon. 3M a finalement lancé le masquage de Drew

bande en 1925 . La conception originale avait adhésif le long de son

bords mais pas au milieu. Dans son premier essai , il est tombé

la voiture et un peintre automobile frustré grogné à Drew ,

«Prenez cette bande de nouveau à ces patrons écossais de la vôtre ! Par

Scotch qu'il voulait dire avare . Le surnom est resté.

Sans se décourager, Drew est retourné au travail et a commencé à

développer un revêtement imperméable à l'eau pour les voitures de chemin de fer . un jour

il a parlé avec un chercheur 3M homme qui envisageait

emballage 3M masquage rouleaux de ruban de cellophane , une nouvelle

enveloppe étanche à l'humidité créée par DuPont . Pourquoi , Drew

demandé , ne pouvait pas être cellophane enduite de colle

et utilisé comme bande d'étanchéité pour ses voitures de chemin de fer ?

En Juin 1929, Drew a commandé 100 mètres de cellophane avec

pour mener des expériences . Très vite, il a conçu un produit

échantillon qui a montré la promesse pour l'emballage de toutes sortes de

produits . Mais il était difficile d'appliquer l'adhésif uniformément

sur cellophane , qui divisé facilement durant la machine

revêtement . Il a fallu plus d'un an Drew pour résoudre ces problèmes

et ce n'est pas avant la fin de 1930 que 3M a finalement lancé

Ruban adhésif Scotch . Il est devenu l'un des

la plupart des produits célèbres et les plus utilisés dans l'histoire de

3M . Son succès a marqué le début de la société de

diversification , et les a aidés à prospérer en dépit de la

Grande Dépression .

Scotch , lancé par les Anglais Colin Kininmonth

et George Gray en 1937 , est la première marque de ruban adhésif

dans le brevet britannique , l'Inde et d'autres pays . Il a été créé par

film de cellophane de revêtement avec une résine de caoutchouc naturel.

CORRECTION LIQUIDE

Liquides correcteurs début étaient généralement des encres blanches, qui

Il n'y a pas la couleur du papier très bien , a une longue

le temps de sécher , et il était difficile d'écrire sur . L'un des

premières liquides correcteurs moderne a été inventé en 1951 par

un secrétaire de Dallas , Texas , nommé Bette Nesmith

Graham . Graham a commencé à travailler en tant que dirigeant

secrétaire peu de temps après la Seconde Guerre mondiale . Elle a rapidement décidé d'

trouver une meilleure façon de corriger ses erreurs de frappe .

Un jour, Graham a mis un peu de peinture à base d'eau tempera,

couleur pour correspondre à la papeterie elle a utilisé , dans une bouteille ,

et a pris son pinceau pour aquarelle de travailler . Elle a utilisé ce à

corriger ses fautes de frappe et a constaté que son patron jamais

remarqué . Bientôt un autre secrétaire a vu la nouvelle invention

et a demandé pour certains. Graham a trouvé une bouteille verte à la maison ,

Erreur écrit sur une étiquette , et le donna à son ami .

Bientôt, tous les secrétaires de l'immeuble voulaient aussi.

En 1956 , Graham a commencé la rupture Société erreur (plus tard

renommé Liquid Paper) de sa maison du nord de Dallas . elle transformé sa cuisine en laboratoire , le mélange d'une amélioration

produit dans le mélangeur. Son fils , Michael Nesmith , plus tard

célèbre comme chanteur / guitariste du groupe populaire des années 1960 Le

Monkees , et ses amis rempli de bouteilles pour les clients .

Initialement Graham en a fait peu d'argent , malgré le travail de nuit

et le week-end pour remplir les commandes . Un jour, cependant , elle a fait

une erreur de frappe au travail , qui même erreur Out ne pouvait pas

corriger , et a été congédié . Elle décide alors de consacrer tout son

le temps de la nouvelle société , et les entreprises dès explosé .

Liquid Paper est devenu une entreprise millions de dollars par 1967.

Une autre grande marque de liquide correcteur est Wite-Out , maintenant

fabriqué par la BIC Corporation . Son histoire remonte à

1966, quand George Kloosterhouse , une compagnie d'assurances

greffier , a remarqué que le fluide de correction contemporain tend

à effacer toute trace de l'encre sur les photocopies. Kloosterhouse , avec

l'aide de chimiste Edwin Johanknecht , puis développé

" Wite-Out WO- 1 Effacement liquide» spécifiquement pour

photocopies . En 1971 , ils ont fondé Wite- Out produits

Inc. à vendre.

Les premières formes de Wite-Out vendu à 1981 ont été à base d'eau

et soluble dans l'eau . Bien que ce fait , il est facile à nettoyer,

il a également pris plus de temps à sécher et ne fonctionne pas bien sur nonphotocopier

médias tels que des documents dactylographiés .

La société a abordé ces problèmes en Juillet 1990 par

l'introduction d'une base de solvant , à séchage rapide , " Pour tout " fluide de correction . Aujourd'hui , Liquid Paper et Wite-Out restent

marques de fluide de correction les plus populaires en Amérique du Nord ,

Australie et le Brésil , tandis que Tipp-Ex est populaire en Europe .

REVEILS

Les gens ont fait des montres avec alarme

mécanismes depuis les temps anciens . Le philosophe grec

Platon a dit posséder une grande horloge de l'eau avec un

signal d'alarme similaire au son d' un orgue à l'eau . la

Ingénieur hellénistique et inventeur Ctésibios équipé son

horloges à eau avec des systèmes d'alarme complexes , ce qui pourrait

être fait de laisser tomber des cailloux sur un gong ou coup trompettes à

temps pré- défini. Beaucoup de grands réveils à eau,

tout en n'étant pas très précis , ont été construits en Europe, en Chine , et

le monde arabe au cours des prochains siècles . ils étaient

particulièrement populaire dans les monastères , où les moines ont dû

chanter des prières à heures fixes .

Les premières horloges mécaniques actionnés par des poids qui tombent

ont été réalisés dans le 14ème siècle . Certains des tours d'horloge dans

Europe de l'Ouest construit au cours de cette période étaient capables de

carillon à un moment fixe chaque jour . Le célèbre florentin

écrivain Dante Alighieri , en 1319 , a décrit dans ses écrits

l'un des premiers de ces horloges mécaniques . la plupart

célèbre tour de l'horloge frappe d'origine encore debout est

éventuellement celui de la place Saint- Marc, Venise, qui était

assemblé en 1493 .

Mécaniques réveils utilisateurs réglable définitivement remontent à l'Europe 15ème siècle au moins . Ces alarme précoce

horloges ont un anneau de trous dans le cadran de l'horloge et ont été mis en

en plaçant une épingle dans le trou approprié . l' invention

du ressort autorisés horloges à devenir plus petit . par

1620 , les horloges des ménages étaient en usage et certains avaient même

des mécanismes d'alarme.

Il a été incorrectement déclaré que Levi Hutchins , un

horloger de Concord , New Hampshire , inventé

le premier réveil pour se réveiller à temps pour

son travail . Il est vrai que , en 1787 , Hutchins bloqué le fonctionnement

d'une grande horloge dans une petite armoire , inséré un pignon

ou de l'engin , et attendu l'arrivée de quatre heures . lorsque quatre

heures enfin venu autour , l'engin a été déclenché , ce qui

mettre une cloche en mouvement . Toutefois , le dispositif de Hutchins a été faite

seulement pour lui-même, seulement sonné à 4 heures et maintenu jusqu'à ce que la sonnerie

le printemps a manqué . En outre , d'autres inventeurs avaient

idées similaires avant . L'inventeur français Antoine Redier

a été le premier à breveter une horloge mécanique réglable d'alarme

en 1847 . L' Seth Thomas Clock Company of Connecticut ,

Etats-Unis, a obtenu un brevet en 1876 pour un petit chevet

réveil. À la fin des années 1870 , ces horloges sont devenus populaires

et toutes les grandes compagnies d'horloge ont commencé à les faire .

A partir de là , les choses sont allées vite. L'alarme de répéteur était

inventé , l'électricité a permis moteurs pour déplacer les mains , et

émet un signal sonore , émet un son , et les chansons ont remplacé le son des cloches .

CRAYONS MÉCANIQUES

Jusqu'au début du 20ème siècle, les fabricants

titulaires de plomb produits plutôt que véritable mécanique

crayons. Le titulaire principal est tout simplement un tube qui tient un bâton

de plomb, sans aucun moyen d'avancer ou de rétracter la tête comme il

est épuisée. L'un des premiers titulaires de plomb a été trouvé

à bord de l'épave du navire de guerre HMS Pandora,

qui a coulé en 1791 après s'échouer sur la Grande

Barrière de corail près de la côte de l'Australie. Ce support de mine

a été divisé en deux moitiés pour environ les trois quarts de son

longueur, de sorte que la moitié peut être retiré afin de placer un nouveau

graphite 'plomb' intérieur. Thomas Jones de Whitechapel,

Londres, avait breveté ce type de crayon en 1783.

Le premier brevet pour un crayon rechargeable au plomb-propulsion

mécanisme a été publié en 1822 en Grande-Bretagne à Sampson

Mordan et John Hawkins. Leur invention n'était pas un vrai

crayon mécanique, que les utilisateurs devaient transporter des morceaux uniformes

de mener dans leurs poches pour utiliser en cas de nécessité.

La société de Mordan continué à fabriquer des crayons

et un large éventail d'objets d'argent jusqu'à ce que la Seconde Guerre mondiale.

Plus de 160 brevets liés à crayons mécaniques étaient

émis entre 1822 et 1874. Par exemple, A.W. Faber

de l'Allemagne a créé un modèle vers 1860. Ce crayon a été commercialisé vers dessinateurs architecturaux et était

creuse afin qu'elle puisse être munie d'un plomb plus. En 1861,

Faber a aussi fait breveter le mécanisme d'embrayage torsion de verrouillage

pour les crayons. Le premier crayon mécanique à ressort était

breveté en 1877 et un mécanisme twist-alimentation en 1895.

Au Japon, Tokuji Hayakawa introduit Ever-Ready

Pencil forte en 1915, avec une tige de métal durable

en nickel, un mécanisme basé sur la vis, et un

plomb pointu. Le plus tôt jamais-Sharp a commencé à vendre en grande

numéros. Hayakawa lui a ensuite fondé l'

Sharp Corporation. Nommé d'après son crayon, il est aujourd'hui un

multinationale de l'électronique.

Vers la même époque, l'Américain Charles R. Keeran

était l'élaboration d'un crayon similaire avec une avance très mince

qui allait devenir le précurseur de la plupart des aujourd'hui

crayons. Sa conception, qu'il nomme la Eversharp, était

ergonomique, facile à fabriquer, fiable, et

durable. Il a été cliquet à base, tandis que son Hayakawa était

base-vis. La Société Wahl de Chicago racheté

Keeran en 1917 et a commencé à vendre ses crayons mécaniques

par millions. D'autres fabricants, comme Sheaffer,

Parker, Waterman et bientôt suivi. Aujourd'hui directe

descendants de ces crayons classiques peuvent être trouvés dans n'importe quel papeterie ou magasin de fournitures de bureau.

TIMBRES-POSTE

Un certain nombre de personnes ont revendiqué le concept de la

timbre-poste. En 1680, William Dockwra et son partenaire

Robert Murray a créé le London Penny Post,

qui a livré des lettres et des petits colis à Londres

un sou. Beaucoup d'historiens considèrent que ce soit le monde

premier service postal moderne. Contrairement à l'électronique d'aujourd'hui, cependant,

poste a été payé seulement après la lettre a été remise

et acceptée.

En 1835, le fonctionnaire austro-hongrois Lovrenc

Koširy a suggéré l'utilisation de «taxe postal apposé artificiellement

de timbres en utilisant papieroblate gepresste (wafers de papier pressés).

Une imprimante écossais et éditeur, James Chalmers, également

prétendu être l'inventeur du timbre adhésif

et soumis une proposition à la Colombie-General Post

Bureau en 1838.

Toutefois, les timbres-poste que nous les connaissons ont d'abord été

introduit au Royaume-Uni en 1840 dans le cadre de

réformes postales promus par l'enseignant, inventeur, et sociale

réformateur Sir Rowland Hill.

Objectif plus large de la colline était d'inverser les pertes financières stables

de la Poste et son projet est devenu connu sous le nom

Grande Poste Bureau de la réforme. Il a convaincu le Parlement adopter l'uniforme Fourpenny Post, qui est entré en

effectuer en 1839. Le premier timbre-poste prépayée, le sou

noir, a été mis sur en vente en mai 1840. Deux jours plus tard, le

bleu de deux pence a été introduit. Les deux timbres inclus

une gravure de la jeune reine Victoria. Mais le noir était

pas un bon choix de couleur de timbre depuis toute annulation

marques étaient difficiles à voir. Donc, à partir de 1841, les timbres

ont été imprimés dans une couleur rouge brique. Autres pays bientôt

suivi avec leurs propres timbres. Suisse a émis le

Zurich 4 et 6 centimes en 1843. Brésil émises dans le mille

éradiquer la même année, en optant pour une conception abstraite à la place

d'un portrait de l'empereur Pedro II-ainsi qu'un cachet de la poste

ne serait pas défigurer son image. Les premiers timbres en Inde

ont été émises en Octobre 1854 quatre valeurs: la moitié anna,

un anna, deux annas (en vert), et quatre annas. Ce dernier

a été l'un des timbres bicolores premier du monde - en rouge et

bleu. Les quatre variantes en vedette un profil jeune de la reine

Victoria et ont été conçus et imprimé à Calcutta.

Suite à l'introduction du timbre d'affranchissement, la

nombre de lettres dans le Royaume-Uni a augmenté de façon spectaculaire. Par

1850, le nombre de lettres envoyées a augmenté de 76

millions à 350 millions, et a continué à croître jusqu'à la

fin du 20ème siècle. Aujourd'hui, cependant, les e-mails ont

considérablement réduit l'utilisation des timbres-poste.

MACHINES

Un certain nombre de personnes ont contribué à l'élaboration de
machines à écrire un succès commercial. Italien Pellegrino Turri
inventé la première machine à écrire de travail en 1808; les lettres tapées
sur sa machine existent toujours. Turri a aussi inventé le papier carbone à
fournir l'encre de sa machine. Beaucoup de machines, y compris les premiers
Turri de, ont été développés pour permettre aux aveugles d'écrire.

Entre 1829 et 1870, de nombreux inventeurs en Europe et
Amérique breveté impression ou de transcription des machines, mais aucun
d'entre eux est entré en production commerciale. Certains de ceux-ci
machines comprennent l'invention de l'Américain Charles Thurber à
aider les aveugles en 1843, le prototype italien Giuseppe Ravizza
machine appelée Cembalo scrivano o macchina da scrivere un tasti,
une machine à écrire avec les touches en 1855 et prêtre brésilien
Machine à écrire de Francisco João de Azevedo en 1861.

En 1865, le révérend Rasmus Malling-Hansen du Danemark a inventé
Rédaction boule Hansen, le premier dans le commerce vendu
machine à écrire. Il est entré en production en 1870. Sa distinctif
fonctionnalité a été un arrangement de 52 touches sur un grand laiton
hémisphère. Cette machine a été un succès en Europe et
utilisés dans les bureaux à Londres jusqu'en 1909.

La première machine à écrire pour un succès commercial était la
Remington n ° 1. Inventeur américain Christopher Sholes
conçu avec l'aide de Samuel Soule et Carlos
Glidden. Cette machine a été commercialisée comme les Sholes

et Glidden type Writer, qui est à l'origine de l'expression

machine à écrire. William K. Jenne affiné la conception de Sholes

et la Société Remington a commencé la production de son premier

machine à écrire en 1873 au prix de 125 $.

Le Remington n ° 1 avait peint des fleurs et des décalques et

ressemblait plus à une machine à coudre. Il a incorporé des éléments

tel qu'un cylindre d'impression et le premier QWERTY à quatre rangées

clavier, qui, en raison du succès de la machine, fut bientôt

adopté par d'autres fabricants de machines à écrire. Mais cette machine

ne pouvait imprimer des lettres majuscules. Une innovation importante

dans l'histoire de machines à écrire étaient les touches Maj et verrouillage de changement de vitesse,

ce qui a permis à la fois les majuscules et les minuscules sortie

le même clavier. Cette caractéristique a permis de simplifier dactylo

fonctionnement et de réduire les coûts de fabrication, ce qui réduit l'

prix des machines à écrire. La première machine à écrire avec une touche de changement a été

Remington n ° 2 de 1878.

Machines à écrire ne sont pas devenus communs dans les bureaux jusqu'à ce que le

milieu des années 1880. Cela a permis aux femmes de se joindre à la main-d'œuvre en grande

nombres pour la première fois. En 1909, 89 machines à écrire séparé

fabricants existaient aux États-Unis seulement, et, en 1910,

la machine à écrire mécanique avait atteint une conception standardisée.

Machines à écrire électriques

Le Universal Stock Ticker a été inventé par Thomas Alva

Edison en 1870. Cette imprimante électrique populaire signaux reçus à partir d'une ligne de télégraphe et des lettres de sortie automatiquement et

numéros, la plupart des cours des actions, sur une bande de papier. Edison tard

construit une machine à écrire entraîné par une série d'aimants, mais il était

grand, cher et des échecs commerciaux.

La première machine à écrire électrique pratique a été développé par

Américain George Blickensderfer et lancé par son

société, basée à Stamford, au Connecticut, en 1902. L'Blick

Électrique avait quelques avantages de machines à écrire électriques plus tard,

y compris de légères touches clés, même en tapant et automatique

retours chariot. La machine a été alimenté par un Emerson

moteur électrique. Mais ce n'était pas encore dans le commerce

succès, peut-être parce qu'il a tapé lentement ou parce

l'approvisionnement en électricité n'a pas encore été standardisée.

James Smathers de Kansas City, Missouri, a inventé le

première machine à écrire à commande électrique pratique. Smathers

voulu pour augmenter la vitesse de frappe et diminuer la fatigue

et il avait terminé un modèle de travail par 1912. En

1923, le Nord-Est Electric Company de Rochester, New

York, avait acquis le brevet de Smathers. Au nord-est en outre

la conception développée Smathers afin qu'ils puissent commercialiser à

les fabricants de machines à écrire. En 1925, il a été utilisé pour lancer

les machines à écrire Remington électriques. Et en 1929, le Nord-

entré dans le secteur de la machine à écrire pour elle-même, la production de la

première Electromatic Machine à écrire.

En 1935, IBM, qui avait acquis la Electromatic

technologie, redessiné et lancé comme IBM électrique

Machine à écrire Model 01. Smathers a rejoint IBM, où il a

continué à travailler sur des machines à écrire. En 1941, IBM a lancé

le modèle Electromatic 04, qui a introduit proportionnelle

l'espacement des lettres (crénage) où les lettres telles que 'i' et 'w'

avoir des largeurs différentes. Cette innovation a fait à la machine

documents ressemblent plus à des pages imprimées. En 1961, IBM

lancé le Selectric révolutionnaire, qui a éliminé

«confitures» et des changements de police rapides autorisés par l'impression d'une

petit, «typeball 'sphérique au lieu des barres de type traditionnel.

Selectric a dominé le marché bureau de machine à écrire pour au moins

deux décennies. Les versions ultérieures ont également ajouté la possibilité de corriger

fautes de frappe et la police de changement de taille dans les documents.

Machines à écrire électroniques ont commencé à remplacer les électriques dans le

début des années 1980. Ces machines, point par Xerox, Frère,

et Canon, étaient de traitement de texte au début. Ils avaient électronique

souvenirs, affiche, orthographe et vérificateurs de grammaire, et

des lecteurs de disque. Aujourd'hui, les ordinateurs personnels et laser ou jet d'encre

imprimantes ont remplacé les machines à écrire électroniques.

CELLOPHANE

Cellophane est une mince feuille transparente en

la cellulose régénérée, un polymère naturel du glucose

obtenu en grandes quantités à partir de pâte de bois ou de la fibre de coton.

Elle est de 100 pour cent biodégradable et sa faible perméabilité à l'air, les huiles, les graisses, les bactéries et l'eau, il est utile

pour l'emballage alimentaire.

Cellophane a émergé d'une série d'efforts menés

au cours de la fin du 19ème siècle pour produire des matériaux artificiels

par la modification chimique de la cellulose. En 1892, l'anglais

chimistes Charles F. Croix et Edward J. Bevan brevetés

viscose, une solution de cellulose traitées avec de la soude caustique

et le sulfure de carbone.

Cellophane a été inventé par le chimiste suisse Jacques Edwin

Brandenberger. Une fois Brandenberger était assis à une

restaurant à 1900, quand un client vin renversé sur le

nappe. Comme le serveur remplacé la toile, il a décidé

d'inventer un film souple transparent à appliquer sur le tissu, ce qui en fait

imperméable à l'eau. Sa première idée était de pulvériser un revêtement imperméable à l'eau

sur le tissu et il a choisi de tenter viscose. La résultante revêtue

tissu était trop rigide, mais le film transparent facilement séparé

de la toile de fond et il a abandonné ses plans originaux

que les possibilités de ce nouveau matériau est devenu clair.

Il a fallu dix ans pour Brandenberger pour parfaire son film, qui

il avait nommé Cellophane, de la cellulose et des mots

diaphane («transparent»). Sa principale innovation a consisté à ajouter

glycérine pour ramollir la matière. En 1912, il avait construit

une machine à fabriquer le film et fait breveter.

Cellophane a vu ses ventes limitées au premier abord car il était imperméable à l'eau,

mais pas étanche à l'humidité - il a eu de l'eau mais perméable était à la vapeur d'eau. Cela signifiait qu'il était inapte à

produits d'emballage nécessitant imperméabilisation d'humidité.

La société chimique américaine Du Pont embauché chimiste

William Hale Charch, qui a passé trois ans à développer

une laque de nitrocellulose que lorsqu'il est appliqué à Cellophane

a l'humidité la preuve. Après son introduction en 1927,

Les ventes de la matière a triplé entre 1928 et 1930. En 1938,

Cellophane représentait 10 pour cent du chiffre d'affaires de Du Pont

et 25 pour cent de ses bénéfices.

film de cellulose a été fabriqué en continu

depuis le milieu des années 1930 et est encore utilisé aujourd'hui. Outre la nourriture

emballage, il a de nombreuses applications industrielles ainsi,

comme une base pour les bandes auto-adhésives, d'une semi-perméable

membrane utilisée dans certains types de piles, comme la dialyse

tubes, des tubes de Visking, et comme agent de libération dans le

fabrication de la fibre de verre et des produits en caoutchouc.

GOMMES

Gommes ou des caoutchoucs typiques sont fabriqués à partir de caoutchouc synthétique.

Gommes ramasser des particules de graphite, éliminant ainsi crayon

les marques de la surface du papier. Cela fonctionne parce que la

molécules en gommes sont «collant» que le papier, quand

la gomme est frotté sur la marque de crayon, le graphite

colle à la gomme, plutôt que le papier.

Avant de gommes à effacer, des comprimés de caoutchouc ou de cire ont été utilisés pour effacer plomb ou fusain marques de papier. Bits de diamants bruts

pierre comme le grès ou la pierre ponce ont été utilisés pour enlever

petites erreurs de parchemin ou papyrus documents

écrit à l'encre. pain Croûte-moins a également été utilisé comme un

gomme; en fait, une ère Meiji (1868 - 1912) étudiant à Tokyo

dit: «gommes pain ont été utilisés à la place de gommes à effacer

et si ils nous les donner sans restriction

montant. Nous avons donc pensé rien de prendre ceux-ci et de manger

une partie ferme de satisfaire au moins légèrement notre faim ... "

Le pain était la meilleure de toutes les substances utilisées pour éliminer

crayon marque jusqu'à ce que le caoutchouc naturel est devenu disponible en

l'Ancien Monde. Chimiste anglais et théologien Joseph

Priestley a été le premier à décrire son utilisation pour éliminer

marques de crayon. En 1770, il a dit aux lecteurs de son livre familiers

Introduction à la théorie et la pratique de la perspective où

à acheter les premières gommes en caoutchouc:

Depuis ce travail a été imprimé à partir, j'ai vu une substance

parfaitement adaptée à l'objet de l'essuyage papier la

marques d'un-plomb-crayon noir. Il doit, par conséquent, être singulier

utiliser pour ceux qui pratiquent le dessin. Il est vendu par M. NAIRNE,

Mathématiques luthier, en face du Royal Exchange.

Il vend une pièce cubique, d'environ un demi-pouce, pour trois shillings;

et il dit qu'il va durer plusieurs années.

Cependant, le caoutchouc naturel est aussi périssable. En 1839,

Inventeur américain Charles Goodyear découvre l'

processus de vulcanisation, dans lequel le soufre est ajouté à

caoutchouc pour «guérir» et de le rendre durable. gommes à effacer en caoutchouc

est devenu commun avec l'avènement de la vulcanisation.

Le 30 Mars 1858, Hymen Lipman de Philadelphie, États-Unis

reçu le premier brevet pour fixer une gomme à la fin

d'un crayon. Son crayon a une rainure à son extrémité dans laquelle

une gomme a été collé. Au début des années 1860, le célèbre Faber-

Société Castell, fondée en Allemagne en 1761 et encore

bien connu aujourd'hui, a été prise de crayons avec joint

gommes à effacer. Très peu de temps après, d'autres sociétés ont également

a commencé à faire des crayons similaires, qui sont venus à être connu

comme penny crayons parce qu'ils étaient bon marché. Ils

est vite devenu très populaire.

CLIPS DE PAPIER

La fixation des communications a été historiquement documenté

dès le 13ème siècle, quand les gens mettent un ruban

à travers des incisions parallèles dans les coins de pages. Plus tard

les rubans ont été cirés pour les rendre plus forts et

plus facile à défaire et refaire. Cette méthode de découpage papiers

ensemble continue pour les 600 prochaines années. Plusieurs fois,

épingles droites masse produites, introduites en 1835, ont été

également utilisé pour des journaux de fixation, même si elles ne sont pas

conçu à cet effet.

Le premier brevet pour un fil trombone déplié était probablement attribué à Samuel B. Fay des États-Unis en 1867.

Ce clip a été prévu à l'origine pour fixer des billets pour

tissu, mais Fay s'est rendu compte qu'il pourrait également être utilisé pour fixer

papiers ensemble. Bien que fonctionnel et pratique, Fay

conception avec les 50 ou si d'autres conceptions brevetées

avant 1899, n'ont jamais été annoncés ou vendus largement.

Trombones Bent fils est devenu populaire qu'après massproduced

un fil d'acier, et le mécanisme de pliage, il

fiables et peu coûteux est devenu disponible à la fin de la

19ème siècle. Le type le plus commun de fil trombone

encore en usage, le trombone Gem, n'a jamais été breveté mais

a été le plus susceptible d'être produite en Grande-Bretagne par la gemme

Manufacturing Company au début des années 1870. Une 1883

article sur Gem-papiers attaches les félicite d'être

»Mieux que les repères ordinaires» pour «lier ensemble des documents

sur le même sujet, un paquet de lettres, ou les pages d'un

manuscrit. Les trombones sont encore parfois appelé Gem

clips et en suédois, le mot pour tout trombone est joyau.

Depuis, d'innombrables variations sur le même thème ont

été breveté mais le type de gemme d'origine s'est avéré être

la plus pratique, et par conséquent, est encore de loin le plus

populaire. D'autres formes sont encore parfois utilisés, tels que

la antidérapant; l'idéal, utilisé pour des liasses épaisses de papier; la

Chouette, du nom de ses deux cercles en forme d'œil; et le parfait

Gem ou gothique, qui est favorisée par les bibliothécaires, car son des jambes plus longues, il est moins susceptible de se plier et déchirer le papier.

Un norvégien, Johan Vaaler, a été incorrectement identifié

comme l'inventeur du trombone. En réalité, Vaaler de

invention n'a jamais été fabriqué ou commercialisé, car

alors la gemme supérieure était déjà disponible. Cependant,

longtemps après la mort de Vaaler, ses compatriotes ont créé un

mythe national fondé sur l'hypothèse erronée que le

trombone a été inventé par un norvégien méconnu

génie. Après la Seconde Guerre mondiale, le trombone est même devenu un

symbole de l'unité et de la fierté nationale en Norvège.

épingles de sûreté

Une goupille de sécurité est une variation normale de la broche comprenant une

mécanisme à ressort simple et un fermoir. Le fermoir a deux

fins: pour former une boucle fermée, fixant ainsi la broche

plus sûre et aussi pour couvrir son extrémité pointue pour éviter

piqûres. Ils sont couramment utilisés pour fixer ensemble

morceaux de tissu comme des vêtements endommagés et les couches lavables

(couches), mais ont plusieurs autres utilisations.

Bien que les repères ont été utilisés comme éléments de fixation depuis la préhistoire

fois, mécanicien et inventeur américain prolifique Walter

Hunt de New York est considéré comme l'inventeur de la

goupille de sécurité moderne. Ayant besoin de régler une dette $ 15 avec un

ami, un jour Hunt a décidé d'inventer quelque chose de nouveau

afin de rembourser. Il se tordait un morceau de laiton

fil qui était d'environ huit pouces de long, quand il a décidé de

effectuer une bobine dans le centre de la toile de sorte qu'il serait ouvrir

lorsqu'il est relâché. Il a ensuite ajouté un fermoir et le point séparé

à l'autre extrémité, ce qui permet au point d'être forcé dans l'

serrer par le ressort. Le fermoir également gardé à l'abri des doigts

blessure, d'où le nom de «goupille de sécurité. L'ensemble invention

Hunt a pris seulement trois heures à créer.

En 1849, Hunt a reçu un brevet pour son invention, mais bientôt

vendu les droits de WR Grace and Company pour seulement 400 $,

ce qui serait un peu plus de $ 10 000 aujourd'hui. Quoi

Hunt a échoué à réaliser, c'est que dans les années à suivre, WR

Grace, qui existe toujours en tant que fabricant de la spécialité

produits chimiques et des matériaux, se faire des millions de dollars

des bénéfices de son invention.

L'échec de chasse à faire de l'argent de son invention était

typique de l'homme. Il était polyvalent et créatif

inventeur qui a créé une gamme étonnante de roman

appareils, y compris la machine à coudre à point noué, une

précurseur de la carabine à répétition Winchester, un succès

lin spinner, un aiguiseur (toujours fabriqué et

largement utilisé aujourd'hui), le stylo plume, un clou de décision

linge, une table de restaurant de vapeur, une scie de l'abattage des arbres, un

bateau de brise-glace, encriers, une cloche de tramway, un disque-coalburning

poêle, pierre artificielle, machines de balayage des rues,

vélocipède (une bicyclette tôt), un talon de chaussure, une ceilingwalking dispositif utilisé dans les cirques, et la charrue de glace.

Malheureusement pour lui, il n'a jamais réalisé le commerce

importance de ses propres inventions et soit n'ont pas

breveter ou vendu les brevets pour de très petites sommes d'

argent.

KALEIDOSCOPES

Un kaléidoscope est un cylindre avec des miroirs contenant

en vrac, les objets colorés tels que des perles, des cailloux et des morceaux

de verre. Comme on se penche sur une extrémité, la lumière pénètre dans l'autre,

est réfléchie par les miroirs, et crée des motifs colorés.

Le mot «kaléidoscope» a été inventé en 1817 par Scottish

inventeur Sir David Brewster. Il est dérivé de l'

Καλός grec ancien (kalos) qui signifie «beau, beauté»,

εἶδος (eidos) qui signifie «ce qui est vu: la forme, la forme '

et σκοπέω (skopeō) signifie «chercher à, à examiner»,

donc 'observateur de belles formes.

Sir David Brewster était un physicien écossais, mathématicien,

astronome, inventeur, écrivain et directeur de l'université.

Il a commencé le travail qui a conduit à la kaléidoscope en 1815

tout en menant des expériences sur la polarisation de la lumière.

Alors qu'il était à la recherche à certains objets à la fin de deux

miroirs, Brewster a remarqué que les modèles et les couleurs étaient

recréé et réformé dans de belles nouvelles dispositions.

Intrigué, il décide de créer un dispositif pour générer

de tels motifs. Sa conception initiale consistait en un tube avec

des paires de miroirs à une extrémité, les paires de disques translucides à

les autres et entre les deux billes. Brewster nommé

et fait breveter son invention en 1817 et a choisi de renom

fabricant d'instruments scientifiques Philip Carpenter comme seul

fabricant. Il s'est vite avéré être un énorme succès

avec 200.000 kaléidoscopes vendus à Londres et à Paris en

seulement trois mois.

Brewster a commencé à penser qu'il ferait beaucoup d'argent

de son invention populaire. Cependant, quelqu'un bientôt

réalisé qu'une faute dans sa demande de brevet, GB 4136,

permis à d'autres de copier librement il. Apparemment, un prototype

avait été montré aux opticiens Londres et copié avant

le brevet a été délivré. En conséquence, le kaléidoscope

a commencé à être produit en grand nombre, mais pas donné

avantages financiers directs à Brewster.

Initialement conçu comme un outil scientifique, le kaléidoscope était

vendu par la suite comme un jouet. Ils sont devenus très populaires au cours de la

Époque victorienne comme une diversion de salon. Pendant les années 1870,

l'un des Etats-Unis kaléidoscope fabricant le plus populaire

était Charles Bush. Il a fait breveter son kaléidoscope de salon

en 1873. Ces jouets, qui ont été faites avec un socle rond

ou une version plus rare à quatre pattes, sont maintenant très recherché

par les collectionneurs.

Un regain d'intérêt pour kaléidoscopes a commencé à la fin du

1970, et en 1980, une exposition a permis intérêt de carburant dans

comme une forme d'art. Aujourd'hui, il ya des centaines de grande

fabricants de kaléidoscope et artistes.

PLANCHES

Planches de surf ont été inventés dans l'ancienne Hawaii où ils

ont été mieux connu comme papa il nalu dans le hawaïenne

langue. En ces jours, le surf était une affaire profondément spirituelle,

de l'art de monter les vagues elles-mêmes, à la prière

pour bon surf, et à des rituels entourant la construction d'un

planche de surf. Surf a été non seulement conçu pour les loisirs mais

aussi pour la formation des chefs et la résolution des conflits. Il y avait

deux types de planches de surf anciennes: le Olo, 14-16 pieds de long

et seulement monté par les chefs ou seigneurs, et le Alaia,

10-12 pieds de long et monté par les roturiers. Tous deux étaient

fait à partir de bois massif d'arbres locaux, tels que la Wili

Wili, Ula et Koa et pourraient peser plus de 100 livres.

Ils n'avaient pas de nageoires et n'étaient pas maniable. La plus ancienne

planche toujours en existence remonte à 1778 et peut être

trouvé dans Bishop Museum de Hawaii.

Vers le milieu du 19e siècle, de nombreux missionnaires occidentaux avaient

est arrivé à Hawaï et le surf avait presque disparu. Il était

pas jusqu'au début du 20ème siècle que les Hawaïens avec

Les colons européens et américains ont commencé à surfer à nouveau. Un

surfer tôt, George Freeth, expérimenté avec une courte

conception de la carte en coupant sa planche hawaïenne de 16 pieds dans la moitié.

Freeth est devenu le premier surfeur professionnel, la promotion d'une

compagnie de chemin de fer à Los Angeles, en Californie.

Le prochain changement majeur s'est produit en 1926 lorsque Tom

Blake a conçu la première planche de surf creux. Il a été fait

de séquoia, eu des centaines de trous percés en elle, et était

enrobée avec de fines couches de bois sur les deux côtés. Blake

planche de surf creux a été très rapide dans l'eau. Il est devenu

beaucoup de succès et en 1930, était la première carte à être

produit en masse. Blake a aussi inventé le «ailette fixe 'en 1935.

Il s'agissait d'une petite nageoire attachée au bas de la carte

pour permettre aux internautes de mieux manœuvrer et donnent les conseils

une plus grande stabilité.

En 1932, le bois de balsa léger d'Amérique du Sud a

devenu un matériau populaire pour la construction de planches de surf. Après

Fibre de verre de la Seconde Guerre mondiale, les plastiques et polystyrène sont devenus

largement disponibles. Un homme du nom de Pete Peterson a construit le premier

fibre de verre bord en 1946. Pendant les années 1950, hawaïenne

George Downing développé la planche de surf populaire »des armes à feu»,

nommé pour sa capacité à «traquer» les grosses vagues.

Shortboards, environ 6 pieds de long, sont devenus populaires au cours

la fin des années 1960 en raison de leur légèreté, de la vitesse et

maniabilité. Ils ont été à l'origine connu comme «poche

fusées »et souvent eu deux ou trois ailettes pour plus de stabilité

dans l'eau. Aujourd'hui, shortboards 'popout' bon marché, inventé par l'Australien Shane Steadman dans les années 1970, dominent le

marché, bien-boards longues traditionnelles sont toujours populaires.

Juke-box

Boîtes à musique en libre-service et les pianos étaient les

premiers dispositifs de juke-box-like. Ces dispositifs utilisés papier

des rouleaux, des disques métalliques, ou des cylindres métalliques pour jouer un musical

sélection sur les instruments fermés en leur sein. Dans

les années 1890, ils ont été rejoints par des machines utilisées musical

enregistrements au lieu d'instruments physiques.

L'un des premiers précurseurs de la librairie moderne était

créée par Louis verre et William S. Arnold, qui avait

placé un cylindre Edison phonographe à monnayeur dans le

Palais Royale Saloon à San Francisco en 1889. C'était le

première machine «Nickel-dans-le-Slot. Il n'avait pas d'amplification et

les clients devaient écouter de la musique en utilisant l'un des quatre écoute

tubes, quelque chose qui ressemble à un casque acoustique. La machine

était populaire et a gagné plus de 1000 $ dans les six mois.

Conceptions jukebox début débloqués sur le mécanisme

recevoir une pièce de monnaie. L'auditeur devait ensuite tourner une manivelle

pour lire la musique. La plupart des machines étaient capables de

tenue d'une seule pièce musicale. Souvent, beaucoup d'entre eux

étaient attachés à l'écoute des tubes et placés ensemble dans

Les salons de microsillons. Cela a permis aux clients de choisir entre plusieurs enregistrements, chaque joué par sa propre machine.

En 1918, Hobart C. Niblack breveté un appareil qui a changé automatiquement les enregistrements. Cela a conduit à l'un des premiers

juke-box avec de la musique sélectionnée, introduit en 1927 par

Musical Société automatisé instrument.

En 1928, Justus P. Seeburg, qui fabriquait joueur

pianos, combiné un haut-parleur avec un monnayeur

tourne-disque et a donné à l'auditeur un choix de huit

enregistrements. Cette machine de Audiophone avait huit séparée

platines montées sur un dispositif en forme de roue de Ferris tourner.

Ces juke-box amplifiés pourraient rivaliser avec un grand

orchestre pour seulement le coût d'un nickel (5 cents).

Le terme juke-box est entré en usage aux États-Unis autour de 1940

et a été dérivé de l'expression américaine juke commune

commune, ce qui signifie un bar ou une discothèque mauvaise réputation.

Juke-box sont les plus populaires des années 1940 à travers le

milieu des années 1960. Vers le milieu des années 1940, les trois quarts des

les documents produits en Amérique ont en juke-box.

Ils ont d'abord joué de la musique enregistrées sur des cylindres de cire,

qui ont été successivement remplacés par des 78 tours de la gomme laque

disques, 45 tours vinyle, CD et MP3. Aujourd'hui

juke-box restent populaires dans les bars, mais sont tombés

la faveur de ce qui était autrefois leur plus lucrative

Lieux-restaurants, diners, des casernes militaires, vidéo

arcades, et laveries.

balles de tennis

Le tennis de mot vient du mot français Tenez,

TENEY prononcé, ce qui signifie «prendre place» ou

il suffit de commencer. Le jeu a commencé plus de mille ans

il ya. Il a été joué par les moines et connu comme le jeu de paume

ou de la paume de la main. La raquette était ... vous l'aurez deviné ...

la paume de la main de l'un, et la balle a été faite de bois.

Plus tard, les joueurs utilisés gants en cuir et un ballon de cuir, cousu

avec les nerfs et bourré de tout ce qui est venu à

main comme de la paille, de la laine, et les cheveux-animal ou humain!

Ces premières balles ne rebondissent, ce qui rend le jeu réel

très différent de maintenant.

Le sport est devenu populaire avec le développement de nobles

et a joué le jeu de cour de jeu de paume. En 1480,

Louis XI de France a interdit le remplissage des balles de tennis avec

craie, sable, sciure de bois, ou de la terre et ont déclaré qu'ils étaient

à faire de bon cuir, bourré avec de la laine. Autres tôt

balles de tennis ont été fabriqués par des artisans écossais d'un woolwrapped

estomac d'un mouton ou d'une chèvre et attaché avec une corde.

Certaines balles de tennis anglais datant du 16e siècle

ont été fabriqués à partir d'une combinaison de mastic et

des cheveux humains. D'autres versions du 16ème siècle en animaux

fourrure, corde faite d'intestins et les muscles des animaux, et

pinède ont été trouvés dans les châteaux écossais. Au 18ème siècle, des bandes de laine ont été
enroulés étroitement autour d'un

âme en faisant rouler un certain nombre de bandes en une petite boule.

Chaîne a ensuite été lié dans de nombreuses directions sur la balle et

un revêtement de tissu blanc cousu autour d'elle.

Au début des années 1870, le jeu modifié de tennis sur gazon

née en Grande-Bretagne à travers les efforts de pionniers de Major

Walter Clopton Wingfield et Harry Gem. Wingfield

jeux de tennis commercialisés, qui comprenait des balles en caoutchouc plein

importé d'Allemagne. Ce sont gris clair et gris ou

de couleur rouge sans revêtement. Leur port et de jouer

propriétés ont été améliorées en les couvrant avec de la flanelle

cousu autour du noyau de caoutchouc. En 1882, Wingfield était

la publicité de ses balles de tennis comme enveloppé dans un linge stout

fait à Melton Mowbray, en Angleterre.

La balle a été développé en faisant le creux de noyau,

et, à la fin des années 1920, sous pression avec du gaz. Ce

changement a entraîné de grands progrès dans le tennis depuis la nouvelle

balles rebondissent plus et mieux, ce qui permet des coups plus rapides.

Depuis 1972, ballons officiels de tennis ont été colorés en jaune

pour améliorer la visibilité à la télévision. Seuls Wimbledon

résisté à ce mouvement. Ils ont continué à utiliser la traditionnelle

boules blanches jusqu'en 1986.

Ping-pong BOULES

Le jeu de tennis de table ou ping-pong provient d'

Grande-Bretagne dans les années 1880 où il a été joué comme un afterdinner jeu de société . Il a été suggéré que la Colombie

officiers militaires en Inde ou l'Afrique du Sud d'abord développé

le jeu . Une rangée de livres ont été se leva le long du centre

de la table comme un filet , deux livres ont servi de raquettes

et une balle de golf a été frappé d'un bout de la table à la

autre et à l'arrière . En variante , les pales sont faites d'

couvercles de boîtes à cigares et les boules sur les bouchons de champagne . tôt

raquettes étaient souvent des morceaux de parchemin étendus sur

un cadre, et des sons générés qui ont donné le jeu de son

premiers surnoms de wiff - WAFF et ping-pong . Ce dernier était

largement utilisé avant fabricant de jeu britannique J. Jaques

& Son Ltd marque déposée en 1901. Ping-Pong est ensuite venu

être limitée à la partie jouée à l'aide du assez cher

Équipement de Jaques tandis que d'autres fabricants appelés

il le tennis de table . Une situation semblable s'est au Royaume-

Unis où Jaques vendu les droits à la société de jouets

Parker Brothers .

Les balles utilisées dans les premiers jeux de tennis de table ont été

généralement faite de ficelles, caoutchouc , ou en liège . Cependant,

balles de caoutchouc ont rebondi trop sauvagement et balles de liège rebondi

trop mal . Une innovation majeure dans le jeu a été faite par James Gibb , un passionné de tennis de
table britannique. il

boules de nouveauté découverts en celluloïd , un début

plastique , lors d'un voyage aux États-Unis en 1901 , et nous avons constaté

idéal pour le jeu . Ceci a été suivi par E.C. Goode

qui , en 1901 , a inventé la version moderne de la raquette

en fixant une feuille de caoutchouc à picots à la lame en bois .

Dans les années 1950 , des raquettes qui ont ajouté une éponge sous-jacent

couche changé le jeu de façon spectaculaire , l'introduction d' une plus grande

rotation et la vitesse . L'utilisation de la colle de vitesse a augmenté le spin

et d'accélérer encore plus loin. En 2000, le Tableau international

Tennis Federation institué plusieurs changements dans les règles ,

y compris l'augmentation du diamètre des billes de 38

mm à 40 mm . Ce changement a augmenté leur résistance à l' air

et efficacement ralenti le jeu , ce qui facilite

à suivre à la télévision . Cependant , le mouvement a créé une certaine

controverse . L'équipe nationale chinoise a fait valoir qu'il

avait simplement pour objet de mieux donner aux joueurs non - chinois

chance de gagner ! Aujourd'hui, 40 mm ballons officiels de ping-pong

peser 2,7 g , sont faits d'un haut rebondissement rempli d'air

plastique et de couleur blanche ou orange . Ces derniers temps ,

grand -ball tennis de table , ce qui est encore plus lent car il utilise

une balle de 44 mm de diamètre , est également devenu populaire .

PINWHEELS

Un moulinet est un jouet d' enfant simple fait d'une roue de

papier ou en plastique boucles, attaché à un bâton à son axe par

une broche . Il est le prédécesseur de tourniquets plus complexes ,

populairement appelé whirlygigs , girouettes comiques ,

whirlijigs , et beaucoup plus de noms tout aussi intéressants .

Le premier inventeur de la toupie ou moulinet n'est pas

connu , mais il a une longue histoire qui couvre le monde entier .

Girouettes , qui sont étroitement liés aux soleils, étaient

d'abord utilisé entre 1800 et 1600 avant JC par les agriculteurs et les marins

dans Sumer . On pense que la première connue jouet toupie

- Le papillon de dragon, une hélice virevoltant en bambou

et lancé en lançant un bâton avait été inventé en Chine

par 400 BC . Au cours de la 9e siècle , les Iraniens de l' sassanide

Empire utilisait des moulins à vent horizontales pour l'irrigation ,

faire tourniquets éoliens techniquement possible . Malheureusement ,

pas de tourbillon de cette période ont survécu en dehors d'un

Égyptienne poupée de chaîne automoteur de 100 av.

Avec les moulins à moudre le grain , tourniquets et

moulinets atteint l'Europe dans les années 1200 . La première connue

représentation visuelle d'une toupie européenne est contenue

dans un médiévaux enfants tapisserie dépeignant jouant avec un

toupie . Tourniquets dans la forme de la croix sont devenus

la mode dans les peintures des 15e et 16e siècles , tels que la peinture de Jérôme Bosch , le Christ enfant avec

un cadre de marche , vers 1480-1500 . Shakespeare a utilisé

« tourniquet » comme une métaphore de « ce qui se passe autour, vient

autour »(La Nuit des Rois , Acte V - I) :

Feste : Et donc la toupie de temps apporte dans ses vengeances .

La première preuve de soleils enregistrée au Royaume-

Unis est liée à George Washington, qui , dit-on, réalisée

Maison » whilagigs » de la guerre révolutionnaire . 1819

publication par Washington Irving de The Legend of Sleepy

Creux mentionne la toupie comme : « un petit guerrier en bois

qui , armé d'une épée dans chaque main , a été le plus vaillamment

la lutte contre le vent sur le haut de la grange . «En 1929,

personnes faisaient une vie par l'élaboration de tourniquets comme

ornements de jardin ou de divertissement pour enfants .

Aujourd'hui moulinets de différentes tailles et formes sont trouvés

dans tout le pays , vendu par jouets vendu et aussi à

les magasins de jouets , comme des jouets bon marché pour les enfants . artistes dans

Chine construire moulinets de multiples couleurs pour le chinois

Nouvel An . Les gens mettent des messages personnels sur le extérieur

pales de ces moulinets pour le vent pour attraper et répartis

à l'univers que les souhaits pour l'année suivante .

SCRABBLE

L'histoire de Scrabble commence pendant la Grande Dépression ,

vers 1931 , quand Alfred Mosher Butts , un travail hors-

architecte de Poughkeepsie , New York , a décidé de

inventer un jeu de société . L'analyse des autres jeux de société dans

le marché , il a trouvé qu'ils sont tombés en trois catégories :

jeux de nombres tels que des dés et bingo , déplacer des jeux tels

que jeux d'échecs et de dames , et texte comme des anagrammes.

Essayer de créer un jeu qui utiliserait à la fois la chance

et des compétences , Butts caractéristiques combinées de anagrammes et la

jeu de mots croisés . Première appelé Lexiko , son jeu était plus tard appelé mots Criss -Cross . Pour décider de la distribution de la lettre ,

Butts étudié la première page des journaux populaires tels

comme le New York Times , le New York Herald Tribune , et L'

Saturday Evening Post , et n'a calculs minutieux de

fréquence de lettre . Analyse cryptographique de mégots de l'anglais

et sa distribution originale de tuiles resté valide

depuis.

En 1938 , Butts a complété le développement de base de

Mots Criss -Cross . Pour plus d'une décennie , il tordu

et amélioré les règles tout en essayant et en permanence

à défaut à attirer un commanditaire . Même aux Etats-Unis

Office des brevets a rejeté sa demande non pas une fois mais deux fois .

Enfin , Butts a été contacté par James Brunot , un entrepreneur de jeu épris de Newtown , Connecticut , qui

était l'un des rares propriétaires d'une de l'original Criss -

Mots croisés jeux . Brunot pensé que le jeu devrait

être commercialisés . Il a acheté les droits de fabrication du

jeu en échange de l'octroi Butts une redevance sur chaque

unité vendue . Bien qu'il a laissé la plupart des jeux (y compris

la distribution du courrier) inchangé , Brunot légèrement

réarrangé les places «de qualité supérieure » de la carte et

simplifié les règles . Il a également eu l' emblématique

schéma de couleurs pastel - rose, bleu de bébé , de l'indigo , et lumineux

rouge et conçu le bonus de 50 points pour l'utilisation de tous les sept

tuiles pour faire un mot .

Plus important encore, Brunot est venu avec le nom Scrabble

et déposé la marque Scrabble Crossword Game

en 1948 . Elle a gagné en popularité lente mais constante entre

une poignée comparative des consommateurs . Puis, en 1952,

la légende, Jack Strauss , qui était le président de

Le grand magasin Macy , a découvert le jeu tandis que sur

vacances . À son retour au travail, il a été surpris de

trouver que son magasin n'a pas le porter et placé une commande importante.

En un an, tout le monde devait avoir un, au point que

Jeux de Scrabble ont été rationnés dans les magasins autour de la

US Aujourd'hui Scrabble est devenu l'un des plus populaires

jeux de société dans le monde entier .

MONOPOLY

L'histoire de Monopoly peut être retracée au début du

20e siècle . La conception connue plus tôt était par un

Américain nommé Elizabeth Magie . En 1904 , elle a breveté

Jeu du propriétaire avec un objectif -éducatif

pour montrer que les loyers ont enrichi les propriétaires et

locataires pauvres . Magie a présenté son invention

à des jeux de société Parker Brothers dans les années 1910 , mais ils

refusé de le publier.

Une version abrégée du match de Magie est devenu commun

dans les années 1910 comme Monopoly Enchères . Il s'est répandu par mot

de la bouche et a joué dans différentes versions maison

au cours des années . Magie se breveté une version révisée

qui comprenait les noms de rues en 1924 . Daniel Layman a commencé

vendre une version appelée Le jeu fascinant des Finances ,

plus tard tout simplement Finances , en 1932 . Ruth Hoskins a appris l'

jeu de Layman et mis au point un nouveau conseil d'administration avec

Atlantic City noms de rues . Ce conseil était celui enseigné

Charles E. Todd , un gérant d'hôtel à Germantown ,

Pennsylvanie. Todd à son tour enseigné Esther Darrow , épouse

d'un chauffage domestique vendeur de Philadelphie nommé

Charles Darrow .

Après l'apprentissage du jeu , Darrow a commencé à distribuer lui-même comme le Monopoly . Il a envoyé à Parker Brothers en 1934 .

Ils ont rejeté comme ayant ' cinquante-deux conception fondamentale

erreurs » , et être« trop compliqué, trop technique , [et]

pris trop de temps à jouer. " En 1935 , cependant, la société a entendu

sur d'excellentes ventes de Monopoly et acheté les droits de

Darrow . Plus tard cette année, ils ont pris conscience que Darrow

avait copié le jeu d'un ami . Ils ont ensuite racheté

1924 brevet de Magie et les droits d'auteur de l'autre commerciale

variantes du jeu , comme les finances , l'inflation , les grandes entreprises ,

Easy Money et Fortune pour éviter des contestations judiciaires futures .

Monopoly a été commercialisé à grande échelle par Parker

Brothers en 1935 . Ils ont changé certaines règles , telles

que l'ajout de « jeu court » et règles « temps limites» , et ont été

produire 20 000 exemplaires du jeu dans un mois. il

est rapidement devenu le jeu de société le plus populaire en Amérique et ensuite le monde . Près de 200 millions de jeux Monopoly

ont été vendus à ce jour.

Saviez-vous ?

Pendant la Seconde Guerre mondiale, les services secrets britanniques créé

une édition spéciale du Monopoly pour les prisonniers de guerre détenus

par les nazis . Cachés à l'intérieur de ces jeux étaient des cartes ,

compas, de l'argent réel , et d'autres objets utiles pour évasion .

Ces jeux spéciaux ont été distribués aux prisonniers par

groupes de charité faux .

frisbees

Le Frisbie Baking Company a commencé à Bridgeport ,

Connecticut homme d'affaires américain William Russell

Frisbie . Il a vendu des tartes dans des boîtes en fer-blanc lumineux avec Frisbie estampillé

en relief sur le fond. Les étudiants affamés à New

Angleterre finalement découvert (peut-être autour de 1940) que

le vide des boîtes de tarte ou couvercles emporte- étain pourrait être jetés et

pris , en fournissant des heures de plaisir " Frisbie -tion ».

Pendant ce temps , un inspecteur en bâtiment Los Angeles nommé

Walter Frederick Morrison avait découvert un marché pour

le disque moderne vol en 1938 quand lui et l'avenir

épouse Lucile ont offert 25 cents pour un moule à gâteau qu'ils

ont été jetant en arrière de l'autre sur la plage de

Santa Monica , Californie . « Cela a attiré les roues tournant , parce que vous pourriez acheter un moule à gâteau de 5 cents , et si

personnes sur la plage étaient prêts à payer un quart pour elle,

bien , il y avait une entreprise » , dit Morrison en 2007 .

Après la Seconde Guerre mondiale , Morrison a tracé un dessin pour un

aérodynamique améliorée disque volant qu'il a appelé la

Whirlo - Way . En 1948 , Morrison et son partenaire Warren

Franscioni inventé une version en plastique qui pourraient voler plus loin

avec beaucoup plus de précision et l'a nommé le Flyin - Saucer .

Après d'autres améliorations de conception en 1955 , Morrison a commencé à produire un nouveau disque , qu'il nomma Pluto Platter

de tirer profit de la popularité croissante des ovnis avec le

Public américain . Le Pluto Platter est devenu la base

prototype de conception pour tous les frisbees .

Richard Knerr et Arthur K. ' Spud ' Melin étaient les

propriétaires d'une entreprise de jouet appelé « Wham- O ' , dont ils

commencé dans un garage de San Gabriel , en Californie , en 1948 . Ils

convaincu Morrison pour les vendre les droits de son projet

et a commencé la production de plus de Platters Pluton en 1957 .

Knerr a également commencé à chercher un nouveau nom accrocheur de la marque

pour aider à augmenter les ventes . Il a entendu parler de l'utilisation originale de

de Frisbie » et de« Frisbie - ing ' par les étudiants

en Nouvelle-Angleterre et emprunté les deux mots

créer le Frisbee marque déposée .

Edward E. Steady Ed ' Headrick avait une autre personne clé

derrière le succès de frisbees . C'était un Américain

inventeur qui a travaillé pour Wham-O . Headrick redessiné

Pluto Platter, la création d'un disque plus contrôlable que

pourrait être jeté avec précision. Les ventes ont monté en flèche et la

nouveau design est devenu la base de la plupart des frisbees modernes .

Headrick tard pionnier Freestyle Frisbee et Frisbee

Golf . En 1967, les élèves du secondaire à Maplewood , New

Jersey a inventé le sport du Ultimate Frisbee . Aujourd'hui , il est

joué dans au moins 42 pays .

BINGO

L'histoire de Bingo et jeux similaires tels que Housie ,

Tombola , et Keno remontent à 1530 , à un staterun

Loterie italienne appelé Lo Giuoco del Lotto d'Italia ,

qui est toujours joué chaque samedi en Italie . De l'Italie

le jeu a été introduit en France à la fin des années 1770 ,

où il a été appelé Le Lotto et a joué au sein de la

riche . Ce jeu de bingo - type de loterie est rapidement devenu un

engouement dans toute l'Europe . Les Allemands ont également joué un

version du jeu dans les années 1850 , mais ils l'ont utilisé comme un

aide à l'éducation pour aider les élèves à apprendre l'orthographe , animal

les noms et les tables de multiplication .

Quand le jeu a atteint l'Amérique du Nord au début du 20ème

siècle, il est devenu connu sous le nom de Beano . C'était un pays juste

jeu où un concessionnaire serait sélectionner les disques numérotés de un

boîte à cigares et les joueurs marquer leurs cartes avec des haricots .

Ils ont crié Beano si ils ont gagné. Hugh J. Ward normalisée

le jeu moderne au carnaval près de Pittsburgh ,

Pennsylvanie dans les années 1920 .

Un soir, Décembre 1929 , un vendeur de jouets de New York

nommé Edwin S. Lowe est venu sur un carnaval de pays

près de Jacksonville , en Floride. Toutes les cabines de carnaval étaient

fermé , sauf un , qui a été emballé avec les gens. L'action est centrée sur une table en forme de fe⁻ à cheval couvert d'

feuilles de carton numérotées , timbres de numérotation en caoutchouc ,

et les haricots secs . Le jeu se joue a une variation

de Lotto appelé Beano , en utilisant les règles de Ward . Lowe a essayé de

Beano jouer ce soir-là mais , se souvient-il , « je ne pouvais pas obtenir un siège

... Les joueurs étaient pratiquement accros au jeu ».

Retour à la maison à New York, Lowe a commencé à mener

Beano jeux similaires à celui qu'il avait vu . son

amis ont adoré. Bientôt, ils jouaient avec Beano

la même tension et l'excitation qu'il avait vu à l'

carnaval . Au cours d'une session, l'un des lauréats a sauté

vous , est devenu muet , et au lieu de crier Beano

bégayé B- B -B- BINGO ! Lowe a dit plus tard que c'était la

moment où il a décidé de commercialiser le jeu Bingo .

Bingo a été un succès immédiat et a mis l'entreprise de Lowe

carrément sur ses pieds . Le plus grand jeu de Bingo dans l'histoire

a été joué dans les années 1930 à New York, de Teaneck Armurerie -

60.000 joueurs , avec 10.000 refoulés à

la porte , et 10 voitures les offrir en prix . par l'

1940 , jeux de bingo étaient joués partout dans les États-Unis

Aujourd'hui , plus de 90 millions de dollars consacré à Bingo chaque semaine

en Amérique du Nord seulement .

CERFS-VOLANTS

Les cerfs-volants ont été développés il ya environ 2800 années

en Chine . Le premier cerf-volant peut avoir été créé par

Mo Di , un célèbre philosophe qui a dit avoir fait

un cerf-volant en forme d'aigle de bois . Insulaires des mers du Sud

ont également utilisé des cerfs-volants pour la pêche depuis des temps très anciens .

Les premiers cerfs-volants ont été utilisés à des fins militaires ainsi . pour

Ainsi, vers 200 av général chinois Han Hsin volé

un cerf-volant sur les murs d'un château fortement gardé et utilisé

la géométrie pour déterminer dans quelle mesure son armée aurait à

tunnel pour atteindre passé les défenses .

Le cerf-volant s'est finalement étendue de la Chine à la Corée et

Inde . Les premières traces de cerf-volant indien vient

des peintures de l'époque moghole miniatures . En Thaïlande , tous les

monarque aurait un cerf-volant conçu pour lui-même .

Il existe de nombreuses théories quant à la façon dont le cerf-volant a été introduit

dans la société européenne . Marco Polo a peut-être mis en place

il à la fin du 13ème siècle . Alternativement , les marins de

Le Japon et la Malaisie ont peut-être fait dans le 16ème

et 17e siècles . Cerfs-volants étaient en retard pour arriver en Europe, mais

par les 18e et 19e siècles , ils ont été utilisés comme

véhicules pour la recherche scientifique . En 1749 , le scientifique écossais

Alexander Wilson et son élève utilise un train de cerfs-volants de mesurer simultanément la température de l'air à différents niveaux

au-dessus du sol. En 1750 , Benjamin Franklin a publié

une proposition visant à prouver que la foudre est l'électricité par volant

un cerf-volant .

En 1822 , maître et inventeur anglais George

Pocock a utilisé une paire de cerfs-volants sur une seule ligne de 1500 à 1800

pieds de long pour tirer un chariot transportant plusieurs passagers à

des vitesses allant jusqu'à 20 miles par heure . Comme les taxes routières à

le temps était basée sur le nombre de chevaux un chariot

utilisé , Pocock a été exempté du paiement des droits de péage.

En 1898 , Guglielmo Marconi a fait le premier sans succès

transmission sur l'eau de l'île de Flat Holm dans le

Canal de Bristol en utilisant un cerf-volant pour soulever son antenne . En 1899 , l'

Frères Wright ont construit un petit cerf-volant maniable pour vérifier

leurs idées de l'aile déformation dans le contrôle de l'avion. Ceci a joué un

rôle direct dans leur vol motorisé succès en 1903 .

Boîte homme de levage les cerfs-volants américain Samuel Franklin Cody

ont été introduites en 1901 et ont été utilisés par les Britanniques

armée pendant la Première Guerre mondiale pour remplacer l'observation d'artillerie

ballons . Les Allemands ont aussi utilisé ces cerfs-volants à augmenter

le champ de vision des sous-marins de croisière surface . dans

1999, une équipe a utilisé cerf volant de puissance pour tirer les traîneaux tout le chemin à

le pôle Nord !

Patins à roulettes

Patinage sur glace a longtemps été une méthode populaire de voyager

sur les canaux hollandais gelés en hiver , mais un Néerlandais inconnu

inventeur au début du 18ème siècle voulait patiner dans le

été. Il cloué bobines en bois à lattes de bois et

les attaché à ses chaussures , découvrant ainsi la terre ferme

patinage ou Skeeling .

Le premier a enregistré l'inventeur de patin à roulettes était un Belge

nommé Jean - Joseph Merlin . En 1760 , il a démontré une

primitive patin à roues alignées avec des roues métalliques et même assisté

une partie de mascarade , tout en portant un de ses nouveaux metalwheeled

bottes. Voulant faire une entrée , Merlin

roulé dans tout en jouant du violon . Cependant , il s'est écrasé dans

miroirs mur - longueur qui bordent la salle de bal , causant

blessures graves et qui le conduit à abandonner son invention .

Le premier brevet pour une conception de patin à roulettes a été publié en France

à un M. Petitbled en 1819 . Elle a été faite d'une semelle en bois qui

attaché au fond d'une chaussure , équipée de deux à quatre

rouleaux de cuivre , en bois ou en ivoire et disposés dans un

seule ligne droite . En 1823 , Robert John Tyer , un marchand de fruits

à Piccadilly , Londres , a breveté un patin appelé le Volito ,

décrit comme un « dispositif d'être attaché à bottes ... pour l'

but de voyage ou de plaisir. Ces premiers patins n'étaient pas très maniable , mais patineurs experts ont pu

reproduire certains de leurs mouvements sur eux . Grand patinage public patinoires ouvertes dans plusieurs villes européennes dans les années 1850 .

Le tournant patin à roulettes ou quad patin à quatre roues , fait

avec quatre roues fixées à deux paires côte -à-côte , la première était

conçu en 1863 , à New York , par l'inventeur américain

James Leonard Plimpton dans une tentative pour améliorer

les modèles précédents . La conception a permis virages plus faciles et

maniabilité , y compris la possibilité de patiner à reculons

et faire des arrêts brusques , ce qui a conduit à ce qu'elle soit un énorme

succès . En conséquence , Plimpton est devenu connu comme le père

de jour moderne roller.

Patins à roulettes ont été produites en masse en Amérique par

les années 1880 . En 1884 , M. Levant Richardson a reçu un brevet

pour l'utilisation de roulements à billes en acier dans les roues de skate , résultant

en patins plus légers avec une friction réduite . La conception de l'

quad patin est demeurée essentiellement inchangée après que

et dominé l'industrie depuis plus d'un siècle.

Finalement, en patins à roues alignées avec une seule rangée de roues

est devenu populaire . Dans les années 1980 , les frères Scott et Brennan

Olson , de Minneapolis , Minnesota a commencé à concevoir et

vente patins à roues alignées , appelées rollers , qui ont fourni une

tour très doux , surtout à l'extérieur . Aujourd'hui, ces patins

dominer le marché .

NOUNOURS

Theodore Roosevelt , mieux connu sous le nom de Teddy Roosevelt ,

le 26e président des États-Unis , est la personne

chargé de donner l' ours en peluche de son nom . Roosevelt

aidait à régler un différend frontalier entre les États-Unis

états du Mississippi et de la Louisiane . Le 14 Novembre 1902,

il assistait à une chasse à l'ours dans le Mississippi où certains

de ses préposés acculés , matraqué , et attaché un Américain

Ours noir à un saule après une longue chasse épuisante

avec des chiens. Roosevelt a refusé de tirer sur l'ours blessé

lui-même, disant que ce serait inappropriée , mais a ordonné

d'être tué pour mettre fin à ses souffrances . Deux jours plus tard , le

Washington Post a publié une caricature de la politique

dessinateur Clifford Berryman K. appelé Tracer la ligne dans

Mississippi qui a montré à la fois la contestation et de la ligne d'état

chasse à l'ours . Le dessin et l'histoire qu'il dit est devenu populaire

et moins d'un an , l'ours en peluche jouet est apparu .

Personne n'est vraiment sûr de qui a fait le premier ours en peluche.

L'histoire la plus populaire consiste à Morris Michtom , qui

propriétaire d'une petite nouveauté et magasin de bonbons à Brooklyn, New

York . Un jour, sa femme Rose a créé un petit ours en peluche

cub de excelsior peluche et fini avec chaussure noire

yeux en boutons . Peu de temps après , Michtom entendu parler

La bande dessinée et de Berryman mis l'ours dans sa vitrine pour l'affichage. De nombreux clients ont alors commencé à se renseigner sur

acheter. Sentant une occasion d'affaires , Michtom envoyé

un à Roosevelt , a reçu l'autorisation d'utiliser son nom

et commencé à vendre des ours Teddy . Les jouets étaient une

succès immédiat . En un an, Michtom fondé l'

Nouveauté et Toy Company Idéal , qui allait devenir

un des plus grands fabricants de jouets dans le monde .

Vers la même époque à Giengen , Allemagne, Steiff

Entreprise produit un ours en peluche sur les dessins de Richard

Steiff . Il a été exposé au Salon du jouet de Leipzig en Mars

1903. Là, Hermann Berg , un acheteur pour un jouet américain

entreprise , a vu et a immédiatement ordonné de 3000 doit être envoyé

aux États-Unis . Les Steiffs alors vendu 12 000 ours à

Exposition universelle de Saint Louis en 1904 et a reçu la médaille d'or

médaille , le plus grand honneur à l'événement . Ce genre de jouet

ours est également devenu associé à des histoires de président

Roosevelt et est devenu connu comme un ours .

En 1906 , les fabricants autres que Michtom et Steiff

avaient participé et l'engouement pour Roosevelt Bears était

tels que les dames les portaient partout , les enfants étaient

photographié avec eux , et Roosevelt utilisait un comme

une mascotte dans son offre pour la réélection .

APPAREILS

Appareils photographiques sont basés sur la camera obscura ,

qui remonte à la Chine ancienne et les Grecs . il

utilise un sténopé ou la lentille pour projeter une image à l'envers de la scène extérieure . En 1685 , l'allemand Johann Zahn construit le

première camera obscura qui était assez petit et portable

pour être pratique pour la photographie , plus de 150 ans avant

la photographie a été même inventé .

Il était le Français Joseph Niépce qui a pris le plus tôt

photographies connues , autour de 1827 . D'autres inventeurs

inventées meilleurs procédés photographiques , daguerréotypes

et calotypes , peu de temps après . Mais ces photographique

processus étaient encore basées sur des caméras semblables à Zahn de

Modèle du 17ème siècle . Ceux-ci avaient une conception boîte coulissante avec

la lentille placée dans la zone avant et une seconde , un peu

petite boîte derrière elle qui pourrait être déplacé pour se concentrer .

L'obturateur mécanique a été inventé dans les années 1870 , qui

a permis de réduire les temps d'exposition .

Film photographique , à l'origine faite de papier et plus tard

celluloïd , a été lancé par l'Américain George Eastman en

1885. Son premier appareil photo réussie , le Kodak , est en vente

en 1888 . C'était un appareil simple et peu coûteuse boîte avec

une lentille à focale fixe , une vitesse d'obturation unique , et assez film pour 100 expositions . En 1900 ,
Eastman a lancé le Brownie ,

un appareil photo encore plus simple et moins cher que la boîte est vite devenu

très populaire . Le Brownie activé amateur généralisée

la photographie tels que les instantanés et les cartes postales.

Oskar Barnack , qui a travaillé à la société allemande Leitz ,

appareils compacts inventés qui utilisaient petits bémols , comme

comme film de cinéma 35 mm de large. Leitz a lancé le monde

première caméra 35 mm , le Leica I, en 1925 . Un seul objectif

SLR réflexe , appareil photo utilise son propre objectif de prévisualiser exactement

ce qui sera photographié . Le premier appareil photo reflex qui

film de 35mm utilisé était le Kine Exakta de 1936 .

Le modèle Polaroid 95 , premier appareil photo instantané du monde ,

a été conçu par l'inventeur américain Edwin Land et

lancé en 1948 . Elle produit des tirages finis positifs

à partir de négatifs exposés dans moins d'une minute . la

premier appareil photo Polaroid bon marché, le modèle 20 Swinger

lancé en 1965 , a été un énorme succès et reste l'un

des caméras les plus vendus de tous les temps . Fuji a présenté le

appareils jetables ou simples très populaire usage en 1986.

Avec l'avènement des caméras numériques modernes , qui utilisent un

capteur d'image électronique et une mémoire pour saisir des images

au lieu d'un film , analogiques ou films appareils photographiques ont

presque complètement disparu du marché .

Flashes

Photographie en utilisant les dates de lumière artificielle de 1839

quand L. Ibbetson utilisé la lumière oxy - hydrogène , également connu

comme feux de la rampe , lorsque vous photographiez des objets microscopiques .

Cependant , les images obtenues ont été durement éclairés et

montré , visages pâles de craie blanche .

Félix Nadar , un photographe et journaliste français ,

photographié les égouts de Paris en utilisant uniquement batteryoperated

éclairage. Mais ce n'était pas jusqu'en 1877 que Henry Van

der Weyde ouvert le premier studio en utilisant la lumière électrique dans

Londres . Propulsé par une dynamo entraîné par un gaz , il en avait assez

lumière pour permettre l'exposition de seulement deux à trois secondes .

La nécessité d'une exposition encore plus courtes a conduit à l'utilisation d'

magnésium , qui est hautement inflammable et brûle rapidement

avec un flash de lumière . En 1864 , les fils de magnésium et

rubans étaient en vente . Le métal a été brûlé en horlogerie

lampes à réflecteurs . Cependant, comme la combustion était souvent

incomplète , les expositions ont tendance à varier considérablement . la

méthode était aussi dangereux et a publié beaucoup de fumée et

cendres . Néanmoins , lampes de magnésium resté populaire

dans les années 1880 .

En 1887 , les chimistes allemands Adolf Miethe et Johannes Gaedicke mélangés poudre de magnésium très bien avec potassium

chlorate , un oxydant , pour produire Blitzlicht . Il s'agissait

la première poudre flash largement utilisé. Blitzlicht eu l'

capacité à produire des photos de nuit avec une très grande

Vitesses d'obturation et est devenu très populaire . Cependant, l'

combinaison conduit parfois à des explosions , qui a causé

quelques accidents très graves .

Américain Joshua Cohen a inventé l'ampoule flash en 1899 .

Il a utilisé des piles sèches pour allumer le flash électronique

poudre . En 1929 , la Vacublitz , la première véritable lampe flash ,

a été introduit en Allemagne par la société Hauser . il

était similaire à l'invention de Cohen , mais brûlé aluminium

déjouer dans une ampoule de verre . Ampoules de flash étaient sûrs , silencieux , et

sans fumée . Dans les années 1930 , ils sont devenus synchronisés avec

volets de l'appareil photo , ce qui rend la photographie au flash simple, même

pour les amateurs. Chaque ampoule ne peut être utilisé qu'une seule fois , donc par la

début des années 1960 , les entreprises ont commencé à emballer plusieurs ampoules

en une seule unité , par exemple de Kodak Flashcube , qui avait quatre .

En 1931 , Harold «Doc» Edgerton du MIT a produit le

premier tube flash électronique . Flashs électroniques utilisent une grande

tension pour générer un arc électrique à travers le gaz de xénon

dans un tube de verre . Ils sont peu coûteux , rechargeable , et

leur intensité peut être facilement contrôlé . Aujourd'hui, ceux-ci doivent

complètement remplacé les ampoules flash .

CEINTURES DE SÉCURITÉ

Un des premiers exemples de l'utilisation de la ceinture de sécurité survenus

au début du 19e siècle, lorsque le célèbre Anglais

ingénieur et aviateur Sir George Cayley a inventé un type

de ceinture de sécurité pour une utilisation dans son aile . Même si Edward J.

Claghorn de New York a reçu le premier brevet de la ceinture de sécurité dans

1885, son invention a été conçu pour être utilisé par les peintres et

pompiers, pas les passagers de l'automobile . En 1911 , American

aviateur Benjamin Foulois conçu un harnais pour le siège

de sa Wright Flyer Signal Corps 1 avion. Il voulait que

tenir le fermement dans son siège pour qu'il puisse mieux contrôler son

avions sur les champs bruts utilisés pour le décollage et l'atterrissage.

Cependant, il n'était pas jusqu'à ce que la Seconde Guerre mondiale que les ceintures de sécurité

est devenu la norme dans les avions militaires .

Durant les années 1930 , plusieurs médecins américains équipés

leurs propres voitures avec deux points « ceintures de sécurité » et commencé à exhorter

fabricants afin de leur fournir toutes les voitures neuves , mais avec peu de

succès . En 1954 , cependant , le Club de voiture de sport d'Amérique ,

maintenant NASCAR , faites ceintures de sécurité obligatoires pour tous les conducteurs

pendant les courses automobiles . L'année suivante , le Dr C. Hunter Shelden

de Pasadena, en Californie , propose non seulement la rétractable

la ceinture de sécurité , mais également des volants en creux , renforcé

les toits, les arceaux de sécurité, serrures de porte, et les contraintes passives telles que

coussins d'air pour améliorer la sécurité automobile . Divers industrie automobile médicale , la police et les associations à travers le monde aussi

a commencé à revendiquer des ceintures de sécurité à cette époque . voiture américaine

fabricants Nash (1949) , Ford (1955) , et Chrysler (1956)

commencé à offrir des ceintures de sécurité en option , tandis que le suédois Saab

introduit ceintures de sécurité en tant que norme en 1958 . Nombreux Ford

annonces de la période bien en évidence nouveau

Caractéristiques , y compris en matière de sécurité Sauveteur ceintures de sécurité.

La ceinture de sécurité à trois points les genoux et les épaules «moderne utilisé

dans la plupart des véhicules de consommation d'aujourd'hui a été breveté en 1955 par

le Américains Roger Griswold et Hugh DeHaven . ce

modèle a été encore améliorée par l'inventeur suédois

Nils Bohlin pour constructeur automobile suédois Volvo , qui

introduite comme équipement de série en 1959 . Outre

à la conception de la ceinture à trois points , Bohlin a démontré sa

efficacité dans une étude de 28 000 accidents en Suède . dans

1962, il a obtenu un brevet américain pour l'appareil. De telles courroies

est devenu un dispositif standard de sécurité dans la plupart des voitures dans les années 1970 .

En 1963, le Congrès américain a adopté une loi exigeant

toutes les voitures pour se conformer à certaines normes de sécurité .

Première loi de la ceinture de sécurité dans le monde a été mis en place en 1970 ,

dans l'état de Victoria , en Australie, rendant obligatoire

pour les conducteurs et les passagers des sièges avant . Aujourd'hui, la plupart des régions

du monde ont de telles lois . En 2002 , Volvo estime que

la ceinture de sécurité avait déjà enregistré plus d'un million de vies .

Essuie-glaces

L'inventeur Mary Anderson de Birmingham , Alabama

est crédité de concevoir le premier pare-brise opérationnelle

essuie-glace en 1903 . D' un point de congélation , le jour de l'hiver humide autour de la

1900 , Anderson a été monté sur un tramway sur une visite à

New York City quand elle a remarqué que le conducteur pourrait

à peine voir à travers son pare-brise avant de grésil incrusté .

Le pare-brise de chariot a été divisée en parties de telle sorte que la

conducteur pourrait ouvrir, déplacer la neige ou de la pluie couvert

section de son champ de vision , mais ce système a travaillé très mal . Elle a exposé visage découvert du conducteur , pas

parler de tous les passagers assis vers l'avant ,

le mauvais temps et n'a pas amélioré sa capacité à voir

où il allait , en tout cas .

Anderson a commencé à esquisser son dispositif d'essuie-glace là

sur le tramway . Après un certain nombre de faux départs , elle est venue

avec un prototype qui a travaillé à un ensemble de bras d'essuie-glace

qui ont été faites de bois et le caoutchouc et fixé à une

levier près du volant de côté des pilotes. quand

le pilote a tiré le levier , il a traîné le printemps chargé

bras à travers la fenêtre et retour , déblayer

gouttes de pluie, les flocons de neige , ou d'autres débris .

Anderson avait un modèle de sa conception fabriqué puis elle a déposé une demande de brevet , US 743 801 , qui était

publié le 10 Novembre 1903. Dans son brevet , Anderson

appelé son invention, un dispositif de nettoyage des vitres pour les appareils électriques

voitures et autres véhicules . Elle a ensuite tenté de l'intérêt

entreprises dans la production de l'appareil . Malheureusement,

les gens se moquaient de son invention , en disant que les essuie-glaces '

mouvement serait distraire le conducteur et provoquer un accident ,

et le brevet a définitivement expiré .

Américain John R. Oishei formé le Tri-Continental

Corporation en 1917 , qui a introduit le premier pare-brise

essuie-glace , pluie en caoutchouc , pour les fentes , des pare-brise en deux parties

trouvé sur la plupart des voitures de l'époque. ces

début des essuie-glaces mécaniques ont dû être opéré

à la main . Le conducteur ou un passager ont dû travailler un

manivelle pour faire les essuie-glaces vont et viennent !

Inventeur William M. Folberth une demande de brevet pour un

Dispositif d' essuie-glace automatique en 1919 , qui était

accordées en 1922 . Les essuie-glaces ont été alimentés par un moteur à air ,

un périphérique connecté par un tube à la conduite d'entrée de la voiture de l'

moteur . Le nouveau système de vide - alimenté est rapidement devenu

équipement standard sur les voitures , et a été utilisé jusqu'en

sur 1960. essuie-glaces électriques modernes , fixé au sommet de

le pare-brise , ont été créés par Bosch en 1926 , mais

ont été à l'origine réservé aux modèles de luxe .

CARTES DE CRÉDIT

En 1730 , Christopher Thompson , un mobilier anglais

marchand , a créé la première publication connue de crédit

en offrant des meubles qui pourraient être payé chaque semaine . son

idée a été reprise et utilisée jusqu'au début du 20ème siècle par

maîtres de trappe . Maîtres de trappe vendu des vêtements que les clients pouvaient payer

en petits versements hebdomadaires . Ils ont gardé un décompte de ce que les gens

avait acheté sur des bâtons en bois marquées d' entailles .

À la fin des années 1800 , les commerçants régulièrement échangés

marchandises à crédit , avec des pièces de crédit et des plaques de charge agissant

comme monnaie . Dans les années 1900 , les compagnies pétrolières américaines

et les grands magasins ont commencé à émettre des cartes privatives qui ont été acceptées que dans leurs propres entreprises . ce

système de crédit a fait un pas en avant en 1914 , quand l'Ouest

Union a donné certains de leurs clients réguliers métal argent ,

une carte de métal qui pourrait être utilisé pour le report sans intérêt

sur leurs paiements . D'autres industries telles que le pétrole ,

téléphones , chemins de fer et les compagnies aériennes ont commencé à offrir similaire

cartes au public dans les années 1930 .

Les États-Unis a interdit toutes les cartes de crédit et de débit au cours

La Seconde Guerre mondiale . Toutefois , l'entreprise a commencé en plein essor

nouveau dès que la guerre était finie . La première carte bancaire ,

nommé Chargé - II , a été introduit en 1946 par John Biggins , un banquier à Brooklyn , New York . Les achats ne peuvent être

fabriqués localement et les titulaires de carte devait avoir un compte à

La banque de biggins .

En 1949 , un homme du nom de Frank McNamara avait une entreprise

dîner dans un restaurant de New York , mais a oublié d'apporter son

portefeuille. L'expérience l'a convaincu de la nécessité d'une

alternative à la trésorerie . L'année suivante, McNamara et son partenaire

lancé une petite carte en carton nommé la carte Diners Club .

Utilisé principalement pour Voyage et divertissement, il a été le premier

véritable carte de crédit . Toutefois , le projet de loi doit encore être complètement

payé chaque mois . En 1958 , American Express a lancé son

propre carte de crédit pour rivaliser avec Diners Club .

La première carte de crédit renouvelable a été émis par la Banque de

Amérique en 1958 . L' BankAmericard a été le premier d'une offre

options de paiement des titulaires de carte ; ils n'avaient plus à payer la totalité de leur facture tous les mois .

En 1966 , un groupe de banques américaines se sont réunis pour

créer l'Association interbancaire carte (ICA) , maintenant connu sous le nom

MasterCard , pour l'émission de cartes et le traitement des transactions .

Bank of America a créé le service BankAmerica

Corporation , maintenant connu comme VISA , la même année. aujourd'hui

VISA et MasterCard sont la principale carte de crédit dans le monde

associations .

Des messages texte (SMS)

Aujourd'hui 3,6 milliards de personnes , soit 78 pour cent de tous les téléphones mobiles

abonnés utilisent SMS , aussi connu comme la messagerie texte .

Cependant , ce fut un succès accidentel qui s'est presque

tout le monde dans l'industrie du mobile par surprise . l'histoire

commence au début des années 1980 , pendant le processus de création d'

le système mondial de communications mobiles (GSM) .

Matti Makkonen , un ingénieur finlandais , a proposé un début

Concept de SMS au cours de l'élaboration de la norme GSM . son idée

était un système de messagerie très simple qui fonctionnerait

même lorsque le dispositif de réception a été mis hors tension ou

en dehors de sa zone de couverture . Le concept de SMS a en outre été

développé dans la collaboration GSM franco-allemand

en 1984 par Friedhelm Hillebrand et Bernard Ghillebaert .

Leur idée principale était de réutiliser le réseau GSM , qui était optimisé pour les appels vocaux , pour le transport des messages texte

pendant dits intervalles de signalisation qui ont été nécessaires pour

contrôler le trafic voix . Cette utilisation a permis de inutilisée

ressources système à un coût minime .

En 1992 , Neil Papworth du Groupe Sema a été le premier à

envoyer un message SMS , en utilisant un ordinateur sur le portail Vodafone

Réseau GSM au Royaume-Uni . Le message était « Joyeux

Noël » , envoyé à Richard Jarvis de Vodafone , qui utilisait le premier disponible combiné GSM - le Orbitel 901 .

Les premiers services SMS informés les utilisateurs sur la messagerie vocale

des messages . Fournisseurs de services cellulaires ne pense pas que les gens

voudrait s'envoyer des messages texte , parce

qu'ils considéraient toujours comme un type de pagination. Services de radiomessagerie ,

dans laquelle un opérateur humain dans un centre de services composée

et envoyé des messages appelés par les consommateurs , avaient été

un certain temps . Le premier service SMS payant

vendue aux consommateurs était un SMS de personne à personne

service en Radiolinja en Finlande en 1993 .

La croissance de SMS initiale a été lente , avec les clients GSM en 1995

envoi sur une moyenne de seulement 0,4 messages par client

par mois . Un des facteurs de la lente adoption des SMS était

que les opérateurs ont tardé à mettre en place des systèmes de tarification ,

en particulier pour les abonnés prépayés , et d'éliminer la facturation

fraude . Également des réseaux au Royaume-Uni seulement permis aux clients

à envoyer des messages à d'autres utilisateurs sur le même réseau .

Cette restriction a été levée en 1999 .

A la fin de 2000 , le nombre moyen de messages

atteint 35 par utilisateur et par mois et par jour de Noël

2006 plus de 205 millions de messages ont été envoyés dans le seul Royaume-Uni .

En 2010 , 6,1 trillion de messages ont été envoyés dans le monde entier , qui

se traduit par 193 000 messages par seconde .

Sièges de sécurité de la RCA

Sièges de voiture , également appelés sièges de sécurité que de bébés, sont

sièges qui sont spécialement conçus pour protéger les enfants contre

mort ou des blessures lors de collisions automobiles . véhicule

accidents sont parmi les principales causes de mortalité des enfants et

la plupart des décès se produisent parce que les enfants ne sont pas

fixé dans le bon type de siège de sécurité de la voiture. D'abord utilisé dans

1898 , sièges de sécurité au début n'étaient guère plus que des sacs avec un

cordon de serrage pouvant être fixé au siège de la voiture. ils étaient

uniquement destiné à empêcher les enfants de se lever ou de tomber

de leurs sièges quand une voiture était en sécurité mouvement enfant

n'était pas vraiment une priorité . Depuis lors, de nombreuses modifications

et des ajustements ont été mises en œuvre pour protéger les

ce lecteur et balade dans les voitures , y compris les restrictions

à protéger à la fois les adultes et les enfants .

En 1962 , Leonard Rivkin , co-propriétaire de Guys and Dolls , un

enfants jouet et magasin de meubles à Denver , Colorado ,

venu avec un design pour le premier siège de voiture pour protéger un enfant . A cette époque , les sièges avant ont été conçus pour retourner

avant, de sorte , dans un accident , les enfants pourraient être projetés dans le

le pare-brise . Le cadre du siège de voiture en métal de Rivkin a été conçu

pour rester en place, empêchant le siège du passager

retournement. Inventeur britannique Jean Ames a également inventé un jeune enfant

siège de protection en 1962 . La conception Ames avait sangles

tenue le siège rembourré contre le siège du passager arrière.

Dans le siège , l'enfant a été freinée par une forme Y

harnais qui a glissé sur sa tête et les deux épaules et

a été fixé entre ses jambes.

Dans les années 60 , les auto- designers suédois ont développé le premier

orienté vers l'arrière siège de sécurité pour enfant destiné à empêcher un enfant

d'être blessé dans un accident de voiture . Il est basé sur

l'idée de descente , c'est à dire , en minimisant accélération relative

au véhicule lors d'une collision . Sa conception a pris plusieurs années

et des tests approfondis , mais à la fin , ils avaient développé

l'une des caractéristiques de sécurité les plus importantes à ajouter à

voitures . Toutefois, durant cette période, seulement les plus

Les parents soucieux de la sécurité ont acheté des sièges de sécurité pour enfants .

Dans les années 1970 , face à un dispositif de travail de sécurité pour

enfants, mais ne pas être en mesure de convaincre le public que

ils ont été un accessoire nécessaire pour la garde des enfants , il y avait une

effort considérable pour éduquer le public sur les sièges de sécurité et de la

dangers pour les enfants à partir de ceintures de sécurité classiques .

Tennessee a été le premier État américain à adopter des lois exigeant l'utilisation des sièges de sécurité pour les jeunes enfants . entre 1978

et 1985 , chaque État américain unique emboîté . aujourd'hui ,

la plupart des pays ont des lois similaires .

thermos

La fiole à vide , aussi connu comme un vase de Dewar , Dewar

bouteille , ou Thermos , a été inventé par le physicien écossais

et chimiste Sir James Dewar en 1892 . l'invention de Dewar

était principalement destinée à préserver les gaz liquéfiés , comme

l'azote liquide et de l'hydrogène , en empêchant le transfert

de chaleur de l'environnement . Elle se composait de deux flacons ,

placées l'une dans l'autre et jointes au niveau du col . la

écart entre les deux flacons contenait un vide près que

empêcher le transfert de chaleur par conduction ou par convection ,

et leurs surfaces ont des revêtements réfléchissants pour empêcher la chaleur

transférer par rayonnement . Les premières bouteilles isolantes commerciaux

ont été réalisés en 1904 quand une entreprise allemande , Thermos

GmbH , a été fondée par deux souffleurs de verre . Ils ont tenu une

Concours de journal le nom de leur produit et un résident

de Munich a présenté « Thermos » , qui venait de la

Mot grec qui signifie Therme «chaleur» . Dewar n'a pas

déposer un brevet pour son invention et il a ensuite été breveté

par Thermos à qui Dewar a perdu un procès .

En 1907 , Thermos GmbH a vendu la marque Thermos

droits de trois sociétés indépendantes . ils ont développé

les bouteilles isolantes qui ont été prises sur de nombreux célèbres

expéditions , y compris le voyage d'Ernest Shackleton à la

Antarctique , le voyage de Robert Peary dans l'Arctique en 1909, et safari en Afrique du président
américain Theodore Roosevelt

en 1909 . Elle a également pris son envol lorsque les frères Wright

porta dans leurs avions et le comte Ferdinand von

Zeppelin dans ses dirigeables .

En 1911 , la première charge de verre fait à la machine a été introduit

pour Bouteilles thermos et leur popularité a rapidement grandi .

Physicien américain William Stanley Jr. a inventé le Allsteel

bouteille vide en 1913 et a commencé une société appelée

Stanley qui reste l'une des marques les plus populaires de

thermos sur le marché . Pendant la Seconde Guerre mondiale, plus de

10000 thermos ou Stanley bouteilles isolantes sont sorties avec

Alliées bombardiers équipages sur chaque grand raid.

Thermos reste une marque déposée dans certains pays

mais a été déclarée une marque généralisée aux États-Unis en

1963 , il est devenu synonyme de flacons sous vide dans

général. Ceci est un exemple de " marque érosion », qui

qui se passe quand une marque devient si commun qu'il commence

être utilisé comme un nom commun et la société d'origine

ne parvient pas à empêcher une telle utilisation . Dans ce cas , le mot ne peut pas être plus enregistré. Exemples américains comprennent Aqua -lung

(US Divers) , l'aspirine (Bayer AG) , Escalator (Otis Elevator

Société) , l'héroïne (Bayer AG) , kérosène (Abraham Gesner) ,

Vis cruciforme (Henry F. Phillips) , Yo-Yo (Duncan Yo-

Yo Company) , et Zipper (B.F. Goodrich) .

PARACHUTES

Les premières traces d'un parachute apparaît dans un manuscrit

de 1470 en Italie. Leonardo da Vinci a esquissé un plus

design sophistiqué vers 1485 . L' faisabilité de son

conception a été vérifiée en 2000 par l'Anglais Adrian Nicholas .

Toutefois , le parachute moderne n'a pas été inventé jusqu'à ce que le

fin du 18ème siècle par Louis - Sébastien Lenormand en France ,

qui a fait son premier saut publique en 1783 . Deux ans plus tard , il

inventé le mot parachute , sens , «ce qui protège

contre une chute. ' En 1802 , André- Jacques Garnerin a franchi la

Manche sur un ballon d'hydrogène et démontré

le ballon et un saut en parachute à Londres .

Polonais aéronaute d'air chaud Jordaki Puparento a été le premier

d'être sauvé par un parachute après son ballon a pris feu

en 1808 . En 1837 , l'artiste anglais Robert armement est devenu

la première personne à mourir d'un accident de parachute . En 1887 ,

Américain aéronaute et pionnier de l'aviation Major Thomas

S. Baldwin a inventé le premier harnais de parachute .

En 1911 , Grant Morton a fait le premier saut en parachute

d'un avion sur Venice Beach , en Californie. En 1912 ,

Inventeur russe Gleb Kotelnikov démontré l'

freinage , ou parachute stabilisateur en ralentissant un Russo -

Balt automobile qui roulait à la vitesse supérieure . Il a également développé le premier parachute à dos .

Štefan Banič créé le premier parachute militaire

1914, qui a permis de sauver de nombreux aviateurs US Air Force

pendant la Première Guerre mondiale Thomas Orde - Lees , connu sous le nom

Mad Major, a démontré que les parachutes pourraient être utilisés

succès de faible hauteur . En 1916 , Solomon Lee Van

Style sac à dos du compteur Jr. Aviatory Bouée ajouté un élément vital

mécanisme de la libération rapide ripcord - permettant chute

aviateurs d'élargir le couvert seulement après qu'il était sûr . tout

parachutes modernes disposent d'une poignée d'ouverture .

Commencer par l'Italie en 1927 , plusieurs pays

expérimenté avec l'aide de parachutes pour déposer soldats

derrière les lignes ennemies . Opération Market Garden , menée

par les Alliés pendant la Seconde Guerre mondiale en 1944 , est considéré comme

la plus grande opération militaire jamais l'air.

En 1937 , les avions soviétiques dans l'Arctique ont été les premiers à

Utilisez le glisser parachutes de goulotte de fournir un soutien pour polaire

expéditions tels que la première habitée dérive station de glace

Pôle Nord - 1 . Ces chutes permis à des avions à la terre

en toute sécurité sur de petites plaques de glace . Le développement des nouvelles du sport

parachutes ont commencé au début des années 1960 . À la fin des années 1970 ,

parafoils , qui ressemblent à des ailes et peut être piloté comme

avion, ont été de plus en plus populaire .

RÉVERBÈRES

La nécessité pour l'éclairage publique remonte à l'ancienne

fois . Environ 50 avant JC, les Romains utilisaient grand

des lampes à huile en métal avec une mèche fibreuse et un réservoir d'

d'huile végétale. Le mot latin laternarius renvoyé à un

esclave responsable pour l'éclairage de ces lampes . cette tâche

continué à être exécutée par des personnes spéciales au cours de la

Moyen Age quand soi-disant garçons de liaison escortaient les gens

par trouble , ses rues sinueuses .

En 1417 , Sir Henry Barton , maire de Londres , ordonné

lanternes avec des lumières à être pendus sur l'hiver

soirées entre Hallowtide et Candlemasse , ' c'est-à-

entre le 1er Novembre et 2 . Par 1716, toutes les maisons en Angleterre

face à une rue ou une ruelle ont été nécessaires pour sortir un ou

plus de lumières six heures-onze heures ou s'exposent à des amendes .

Les réverbères combustion de gaz premiers ont été construits dans le

Empire arabe , en particulier dans Cordoue, en Espagne , autour de 1000

AD . Il était l'ingénieur et un inventeur écossais William

Murdoch qui a le premier conçu becs de gaz pratiques dans le

début des années 1790 . Initialement, ces lampes ne servent gaz de houille . dans

1802, Murdoch a effectué une présentation publique de l'éclairage au gaz

que étonné et impressionné la population locale . mais

Inventeur et homme d'affaires allemand Friedrich Albrecht Winzer était la première personne à breveter l'éclairage au gaz de houille

en 1804 . En 1807 , il a installé des lampes à gaz sur Pall de Londres

Mall . Après cela, l'éclairage au gaz se répandit rapidement à travers le

le monde industrialisé .

En 1857 , les ingénieurs français Lacassagne et Thiers installés

éclairage électrique sur La Rue Impériale de Lyon , en France,

qui est devenu la première rue à être éclairée par une permanente

installation électrique. Arc lampadaires électriques premières utilisées

lampes, qui avait été inventé par le chimiste britannique Sir

Humphry Davy dans le début du 19e siècle . De telles lampes

Paris gagné son surnom « ville des lumières ».

Mais cela ne signifie pas la fin de becs de gaz . En 1885 ,

Scientifique autrichien et inventeur Carl Auer von Welsbach

breveté le manteau de gaz . Il a généré un vif intense

lumière et était populaire depuis plusieurs décennies .

Lampes à arc passés de l'utilisation de l'éclairage public à la

fin du 19ème siècle . Ils ont été remplacés par pas cher ,

ampoules à incandescence fiables et claires , qui

dominé éclairage de rue pour de nombreuses années . la haute pression

sodium (HPS) lampe à vapeur est aujourd'hui dominant

car il est économe en énergie et la plupart des couleurs se présentent

bien en elle. Ces lampes fonctionnent quand un courant électrique

passe à travers un gaz ionisé (plasma) d'atomes de sodium

pour produire de la lumière .

GILETS DE SAUVETAGE

Les gilets de sauvetage sont également connus en tant que dispositifs de flottaison individuels

(VFI) , un gilet de sauvetage , Mae Wests , gilets de sauvetage, bouées de sauvetage ,

vestes de liège , aides à la flottabilité , et des combinaisons de flottaison . la plupart

anciens gilets de sauvetage ont été fabriqués à partir de peaux d'animaux gonflé

vessies ou creux , scellés gourdes .

Autour de 870 avant JC, l'armée de roi assyrien Ashurnasirpal utilisé

peaux d'animaux gonflables pour franchir un fossé . Cet incident a été

documentés dans une sculpture de pierre qui est maintenant disponible à la

British Museum, Londres . Un Anglais nommé Dr. John

Wilkinson a breveté un gilet de sauvetage de liège en 1765 . Dans son livre

intitulé la préservation de la Seaman de naufrage , les maladies , et

Autres calamités incident aux navigateurs , Wilkinson décrit

les avantages de ses liège gilets de sauvetage . Mais ces VFI,

pas délivré aux marins de la marine jusqu'au début du 19e siècle.

La première décision grave pour la fabrication de gilets de sauvetage en

quantité a été faite en 1851 après la mort de 20 des

24 pilotes sur la rivière Tyne au Royaume-Uni lorsque leur bateau

chaviré . Après la tragédie , le capitaine John Ross

Ward , un inspecteur de Royal National Lifeboat Institution

au Royaume-Uni , a conçu le premier la vie moderne

veste. Sa conception a été rempli avec du liège et avait £ 24

de flottabilité . La conception a été si populaire qu'il est resté en service même après la Seconde Guerre mondiale , un siècle plus tard !

En 1852 , les États-Unis est devenu le premier pays à exiger la vie

vestes pour chaque passager à bord de navires de commerce .

D'autres pays ont emboîté le pas dans les années 1890 . cellules étanches

rempli de kapok , les cheveux de semences moelleux de l'arbre Bombax ,

éventuellement remplacé matériau de liège dans les gilets de sauvetage originaux .

Un autre matériau flottant utilisé est du bois de balsa . divers

mousses synthétiques ont remplacé ces deux matériaux.

Tous les gilets de sauvetage premières étaient naturellement dynamique et n'ont pas

besoin inflation . En 1928 , l'Américain Peter Markus du Kansas

City, Missouri , a inventé le premier gilet de sauvetage gonflable ,

connue sous le nom de Mae West . Il était populaire auprès des

Aviateurs alliés pendant la Seconde Guerre mondiale . Ils ont été publiés

Mae Wests dans le cadre de leur vitesse de vol .

Un sérieux problème avec les premiers modèles de gilet de sauvetage , c'est que

ils ne sont pas auto- redressement . Très souvent, les personnes portant

les tomberaient plus, le visage de la terre vers le bas, et si elles étaient

inconscient , noyer . Recherche pour améliorer la conception était

menée au Royaume-Uni par le professeur Edgar A. Pask et conduit

le modèle 1952 de l'Amirauté 5580 gonflable , auto- redressement

veste - une vie merveille de simplicité de conception , de performance,

et la durabilité. Cette conception a été copié partout dans le
monde et est encore actuellement en service .

L'EAU EN BOUTEILLE

Eau et eau de source à l'origine minérale ont été les plus
types populaires de l'eau en bouteille . Beaucoup de gens croyaient que
eau minérale a eu des effets des médicaments et que l'eau de source
était particulièrement pur , car il venait de sortir de la
sol et n'avait pas été utilisée . Beaucoup de célèbres sources aussi
produire naturellement gazeuse , pétillante , eau comme Vichy
Catalan , Ferrarelle , Wattwiller , Apollinaire , et Perrier . la
sud-ouest ville allemande de Niederselters , contenant un
tel ressort , est l'homonyme de Selters eau ou eau de Seltz .
Ce sont les Français qui d'abord cherché à exploiter commercialement
sources naturelles d'eau avec Evian , du nom de la ville
d'Evian -les-Bains . Un bain thermal a été ouverte à proximité dans
1821, à la source Cachat , près du lac de Genève . Vente de la
eau elle-mème a commencé en 1829 et a d'abord été emballé dans
récipients en terre cuite . Johann Jacob Schweppe , qui
mis au point un procédé de fabrication de minerai carbonaté
l'eau , a fondé la compagnie anglaise boisson Schweppes
à Genève . Schweppes a été le premier à introduire en bouteille
l'eau en Europe et utilisé la grande exposition de 1851

à Londres comme une opportunité marketing unique . la

l'eau en bouteille que l'entreprise est venu de la célèbre

Printemps Malvern en Angleterre . En 1845 , la famille Ricker du Maine a commencé à embouteiller et vendre

l'eau d'une source non identifiée . Leur petite opération

a rapidement grandi comme ils capitalisés sur le ressort est censé

propriétés médicinales et il est finalement devenu le célèbre

Poland Springs compagnie des eaux , qui existe toujours .

Tout en marchant à Rome en 218 avant JC , Hannibal avait utilisé le

Perrier printemps dans le sud de la France . En 1888 , les Français

L'empereur Napoléon III a vendu les droits à la source, un docteur

Louis Perrier et un agriculteur local . L'idée de la commercialisation de la

eau naturellement gazeuse de printemps a été le fruit

de l'anglais aristocrate St. John Harmsworth . il a acheté

le ressort de M. Perrier et également nommé le fini

produit après lui fournir un sens de l'autorité médicale .

Il y avait peu de croissance dans l'eau en bouteille naturel

l'industrie au cours de la première partie du 20e siècle . la

sociétés d'embouteillage formé leur propre groupe de pression dans

1950 afin de promouvoir leur produit , mais les ventes ont augmenté très

lentement au début. Encore une fois Evian a pris la tête dans les années 1950 par

vendre son eau avec la revendication puissante , « pour aider allaitantes

mères et [assurer] des minéraux importants pour les enfants ».

Depuis lors, le paysage de l'eau embouteillée a augmenté

énormément. Maintenant il ya des centaines d'entreprises

et des milliers de noms de marque de l'eau minérale et de leur ventes à travers le monde sont en milliards de dollars .

CARTES POSTALES

La carte postale ancienne connue était un peint à la main

concevoir sur une carte . Il était une caricature de travailleurs dans le poste

bureau et a été publié à Londres par l'écrivain , compositeur

et bien connu farceur , Theodore Hook, en 1840 ,

portant un timbre noir de penny .

C'est en 1861 que John P. Charlton de Philadelphie ,

Etats-Unis, a conçu la première carte produite commercialement .

Il a fait breveter son design, mais a vendu les droits à l'hymen L.

Lipman , qui le rebaptise carte postale de Lipman . la carte

a été vendu avec une bordure décorée . Cependant, le mai

13 , 1873 , le gouvernement américain a interdit privé émis

cartes postales . Postes John Creswell a présenté le

premières cartes postales de penny pré- timbrées officielles plus tard cette année .

L'idée de la carte postale officiellement publié en Europe

a été crédité au Dr Heinrich de fonctionnaire postal allemand

von Stephan en 1865 . Mais craignant la perte de recettes postales ,

le plan n'a pas été exécuté dans le nord de l'Allemagne jusqu'en Juillet

1870. Dr Emanuel Herrmann proposé une idée similaire

le gouvernement austro-hongrois . Ce fut rapidement

approuvé et la première carte a été publié le Octobre

1er , 1869. Accompagné d' un timbre imprimé, ce

carte postale gouvernementale a été appelé un Corresponendz

Karte ou Correspondance carte . L' imprimé carte postale d'abord connu , avec une image

d'un côté , a été créé en France en 1870 . Il était

pas d'espace pour les timbres et aucune preuve qu'ils étaient

jamais affiché sans enveloppe . La première publicité

carte est apparu en 1872 en Grande-Bretagne . le Universal

Union postale a été créée la même année et remplacé

différents traités entre les nations avec un ensemble accepté

des réglementations cohérentes régissant le courrier international .

L'accord a permis cartes postales émis par le gouvernement

à envoyer à l'échelle internationale , dès le début de 1875 .

Cartes montrant des images augmenté en nombre au cours de la

1880 . Images de la Tour Eiffel nouvellement construit en 1889 et

1890 a donné une impulsion à la carte postale , menant à la soi-disant

âge d'or de la carte postale dans les années suivant la

milieu des années 1890 . En Juillet 1879, le bureau de poste de l'Inde a présenté

un anna carte postale 1/4 . Ceci a été suivi par des cartes postales que

visaient spécifiquement pour l'usage du gouvernement en Avril 1880,

et par cartes de réponse de poste en 1890. Cartes postales restent encore

populaire en Inde et à l'étranger .

Saviez-vous ?

L'étude et la collection de cartes postales est appelé deltiology .

Il est pensé pour être le troisième plus grand passe-temps de collection dans le

monde , surpassé seulement par pièce et la philatélie.

barbelés

Escrime constitué de fil plat et mince a été proposé

en 1860 en France par Léonce Eugene Grassin - Baledans .

Sa conception a hérissé les points créant une barrière qui

était pénible à traverser . De nombreux brevets ont suivi, mais

aucun de ces fils n'a jamais été produit commercialement .

En 1868 , un forgeron du nom de Michael Kelly de New

York a obtenu un brevet pour clôturer spécifiquement pour

dissuader les animaux . Les premières clôtures de fil de composés seulement

d'un brin de fil , qui a été fréquemment interrompu par

le poids du bétail en appui contre elle . Kelly a fait une

amélioration significative par torsion deux fils ensemble .

Connue comme la barrière épineuse , de la conception à double - brin de Kelly

a été le premier fil de fer barbelé succès .

Joseph F. Glidden , un fermier américain , est souvent crédité

pour la conception de la première barbelé succès commercial

fil . L'idée de Glidden est venue d'un affichage à un salon à

Dekalb , Illinois , en 1873 . Là, il vit une clôture en bois

avec des saillies de fil destinés à dissuader les vaches . légende

affirme que la femme de Glidden Lucinda a encouragé à

joindre son jardin avec son idée . Il a ensuite remporté plusieurs batailles judiciaires sur les droits de son invention , simple

Barb wire verrouillé sur un fil à double brin , il est venu à

être connu comme le gagnant . Glidden et un partenaire établi la clôture Barb

Société à DeKalb pour fabriquer le gagnant . ils

inventé un procédé pour verrouiller les barbillons en place et l'

machines à produire en masse il . Au moment de sa mort ,

Glidden était l'un des hommes les plus riches d'Amérique . aujourd'hui, son

design reste le modèle le plus familier de fil de fer barbelé .

Les principales modifications qui ont été apportées au fil de fer barbelé

depuis les années 1870 ont été pour réduire les blessures en augmentant

visibilité . Par exemple , Jacob et Warren Brinkerhoff

introduit fils torsadés et plats en 1879 et 1881. L'

American Steel and Wire Company devint finalement

le fabricant dominant . Ils contrôlaient tous les aspects

de production de production de barres d'acier à faire

de nombreux fils et ongles produits de lui .

Fil de fer barbelé a eu des effets sociaux et économiques importants ,

en particulier dans l'Ouest américain . Il a permis aux éleveurs de

joindre leurs terres et limiter anciennement troupeaux en libre parcours

des bovins . Il a également gravement affecté les moyens de subsistance des autochtones

Américains qui lui ont donné le surnom triste Diable

corde . Fil de fer barbelé a également vu l'utilisation extensive dans la guerre ,

à commencer par la guerre hispano- américaine en 1898 . En

Première Guerre mondiale, le réservoir comme nous le savons a été inventé pour

briser les défenses de barbelés .

IMPERMÉABLES

Tribus amérindiennes dans le bassin de l'Amazone ont été

en utilisant la sève de l'hévéa pour fabriquer des vêtements imperméables

des centaines d'années . Les anciens Chinois utilisaient beaucoup

matériaux pour la fabrication de capes de pluie imperméables, tels que la paille ,

carex , et silvergrass chinois . Au début de l'

La dynastie des Ming (1368 - 1644) , manteaux de pétrole raffinés ont été utilisés .

Ils ont été faits de tissus comme la soie ordinaire, mais traités

avec de l'huile jaune (de l'huile d'abrasin) pour repousser l'eau .

Botaniste français François Fresneau utilisé caoutchouc pour

imperméabilisation tissu après avoir vu Amérindiens

Guyane française faire de même. En 1763 , il a décrit

comment il avait préparé tissu imperméable en le plongeant dans

solutions de caoutchouc avec de la térébenthine comme solvant . écossais

médecin John Syme a mené des expériences similaires en 1821 .

La première imperméable , cependant, ne pas utiliser de caoutchouc . Fait par G.

Fox de Londres en 1821 , il a été appelé aquatique de Fox et utilisé

Gambroon , un type de toile de lin .

Les premières tentatives de l'aide caoutchouc avaient échoué

parce que la dureté du caoutchouc naturel varie avec

température . Ce fait les vêtements difficiles à porter . écossais chimiste Charles Macintosh a trouvé la solution en 1823 .

Le processus de Macintosh impliqué prenant en sandwich une couche de caoutchouc moulé entre deux couches de tissu qui avaient

été brossé avec du caoutchouc dissous dans naphta . sa première

client était l'armée britannique . En fait , imperméables sont encore

appelé Mackintosh ou Mac au Royaume-Uni .

En 1839 , l'Américain Charles Goodyear a développé vulcanisé

en caoutchouc , ce qui est plus élastique et plus faciles à mouler . Anglais

fabricant Thomas Hancock a utilisé le caoutchouc vulcanisé

pour améliorer l'imperméable Mackintosh en 1843 . américain

entreprises ont introduit le procédé de calandrage en 1849

dans lequel le tissu de Macintosh a été passé entre chauffée

rouleaux pour le rendre plus souple et imperméable.

Au cours de la Première Guerre mondiale , l'inventeur anglais Thomas Burberry

créé le trench-coat en tout temps . Il a été fait d'un type

de coton nommé gabardine que Burberry a inventé et

a été chimiquement traitée pour repousser la pluie . Ces trenchs

ont été à l'origine fait pour les soldats , mais il est devenu populaire

avec de nombreux civils après 1918 .

Tissus de l'huile traitée , généralement en coton et soie , sont devenus

populaire dans les années 1920 . Par exemple, ciré a été faite par

brossage huile de lin sur le tissu , ce qui a fait la repousser en tissu

eau . Imperméables en vinyle , le nylon et le plastique sont devenus

populaire après la Seconde Guerre mondiale . Imperméables modernes sont faites

à partir d'une variété de matériaux high-tech comme Gore -Tex et

microfibre .

VELOS

Baron allemand Karl Drais von inventé la première pratique

vélo en 1817 . draisienne , vélocipède , ou cheval de bataille de Drais

était un dispositif à deux roues sans pédales . le coureur

propulsé en poussant ses pieds contre le sol .

Le vélocipède Drais de inspiré un métallurgiste français (soit

Ernest Michaux ou Pierre Lallement) pour ajouter manivelles rotatives

et pédales au moyeu de roue avant autour de 1863, la création de

la première bicyclette à pédales moderne . En 1868 , Michaux

et de la Société est devenu le premier producteur de masse de vélos .

Leurs cadres rigides et roues de fer - bandes leur a donné la

Boneshakers surnom descriptives . Les améliorations ultérieures

inclus pneus pleins en caoutchouc et roulements à billes .

Eugene Meyer en France et James Starley en Angleterre

inventé la haute - vélo , ordinaire , ou bicycle

vers 1870 . Elle avait une grande roue avant qui voyage

en outre à chaque rotation des pédales . Ordinaires étaient

rapide mais très dangereux. Néanmoins , l'Anglais Thomas

Stevens est monté un dans le monde entre 1884 et 1886.

En 1885 , John Kemp Starley a produit le premier succès

bicyclette de sécurité , la Rover . Il a présenté une roue avant orientable ,

roues de taille égale , et une transmission par chaîne à la roue arrière . En 1890 , il avait complètement
remplacé la haute -roues .

Pendant ce temps , en 1888 , un vétérinaire irlandais nommé John

Dunlop avait inventé le pneu de caoutchouc pneumatique rempli d'air à

faire le tricycle de son jeune fils à l'aise . Il a été adopté pour la bicyclette de sécurité , le rendant plus léger et plus lisse.

Au début du 20e siècle , les clubs de cyclisme étaient

le lobbying pour l'amélioration des routes , ouvrant littéralement la voie à la

automobile . Adolph Schoeninger commencé la roue de l'Ouest

Travaux à Chicago où il a lancé la production de masse

méthodes pour ses bicyclettes qui ont réduit considérablement Croissant

prix et a inspiré plus tard Henry Ford . La bicyclette de sécurité

femmes libérées de la maison et restrictive

robes . Célèbre féministe Susan B. Anthony a dit , «Je pense que

[vélo] a fait plus pour l'émancipation des femmes que

rien d'autre dans le monde . " Frances Willard , un autre bien connu

féministe , dit: « Je ne voudrais pas perdre ma vie à friction

quand il pourrait être transformé en élan . " En 1895 , Annie

Londonderry est devenue la première femme à vélo autour

le monde .

Le dérailleur (levier de vitesse) trouvé dans la plus moderne

vélos a été développé en France entre 1900 et 1910 .

Avec manettes de dérailleur électronique et de la lumière , aérodynamique

cadres en fibre de carbone , les vélos d'aujourd'hui sont très

sophistiqué et plus populaire que jamais .

Glaciers

Il ya plusieurs prétendants à l'invention du début du

sorbetière , de la célèbre empereur romain Néron

pour les Chinois qui prétendent que Marco Polo a emprunté leur

recette et l'a introduit aux Européens . Il ya aussi des

de nombreux témoignages de desserts à base de fruits mélangés

avec de la neige en latin et ancienne littérature grecque .

Beaucoup de gens différents ont été crédité de l'invention

de la première sorbetière moderne . De nombreux historiens s'accordent

qui , en 1843 , American Nancy M. Johnson est venu avec un

concevoir une sorbetière à manivelle .

Son idée était basée sur des connaissances pratiques . il s'agissait

au moyen de deux boîtes de conserve, une plus petite que l'autre , de sorte que le

premier pourrait être placé à l'intérieur de la deuxième boîte . la plus grande

peut a été rempli avec du sel et de la glace . La petite boîte a été rempli

avec un mélange de lait , l'arôme et le sucre. Une manivelle avec un

palette de mélange a été placé à l'intérieur du mélange de lait et

aromatisants pour aider le taux de désabonnement des ingrédients . Le sel aidé

pour stabiliser la glace que le mélange a été brassé en permanence ,

transformer en une consistance lisse et crémeuse . ce processus

contribué à réduire la glace le temps de production , mais

Johnson n'a pas tenu à son brevet . Elle a obtenu 200 $ pour

son invention de William Young , qui la nomme Johnson brevet sorbetière .

Certains prétendent aussi que Auguste Jackson , un chef à la Blanche

Maison à Washington DC , a inventé la première crème glacée

fabricant en 1832 . On croit que Jackson a servi glace exotique saveurs que les desserts à des dîners officiels de la Maison Blanche

pour les clients de la Première Dame Dolley Madison . il a expérimenté

avec le processus de fabrication de crème glacée , en essayant de le rendre moins

laborieux , et est venu avec une température contrôlée ,

système basé sur la pagaie qui a utilisé de la glace et de sel . Cela a permis de

à révolutionner la façon dont la glace a été faite au blanc

Maison , mais il n'avait pas le temps de faire breveter son idée .

Beaucoup de gens ont contribué à l'évolution de la glace

décideurs depuis. Certaines contributions remarquables

inclure un congélateur , seulement pour la glace de congélation , développé par

Agness B. Marshall de Londres . Il pourrait geler une pinte de glace

en moins de cinq minutes. Afro-américain inventeur Alfred

L. Cralle est crédité d'inventer le moule à glace

et Disher en 1897 . Son invention a permis de maintenir la glace

sur les parois du récipient et est facile à utiliser.

Américain Jacob Fussell improvisé sur la glace de Johnson

Congélateur et construit le premier succès commercial

usine de crème glacée en 1909 qui a produit 30.000.000 gallons

de glace chaque année .

Cafetières

L'histoire de la machine à café , comme beaucoup d' inventions , a plusieurs brins . Ses origines remontent à la

Turcs, qui sont connus pour avoir préparé un bon café comme

dès 575 AD . Qu'est-ce qui s'est passé entre ce moment et la

début du 19e siècle n'est pas très clair . Toutefois, le rythme

de développement accéléré une fois que le premier café moderne

percolateur a été inventé vers 1818 .

Les origines de la première machine à café moderne peuvent être attribués

De retour en France . Un dispositif connu comme un béguin , un niveau deux

pot de café dans lesquels l'eau a été versée dans le supérieur

chambre à s'écouler à travers des perforations dans la partie inférieure

chambre et dans un pot de café , était probablement la première goutte

cafetière. Dans le même temps, un autre inventeur français

venu avec le percolateur de pompage . ce café

Machine forcée d'eau bouillante dans le compartiment inférieur

pour monter un tube , puis couler par terre

grains de café dans le compartiment inférieur. jusqu'à ce que

les années 1950 , ont été préférés ces percolateurs de pompage

par de nombreuses femmes au foyer , des cow-boys et des pionniers dans le

États-Unis. En 1840 , la machine à vide Napier était

introduit . Bien que ce brasseur était complexe à utiliser, il

pourrait faire un pot de café clair , quelque chose que tous les

prix d'amant de café . Le brasseur de vide utilisé chaleur pour faire bouillir de l'eau dans un
compartiment inférieur , qui élargirait

et être forcés de se déplacer à travers un tube étroit dans

un compartiment supérieur contenant du café moulu .

Une fois que le café avait été brassée à la satisfaction , la chaleur seraient abandonnées . Le vide créé à la suite d'

cela aiderait à attirer le café infusé de nouveau dans le

la chambre inférieure à travers une passoire . Napier vide café

les décideurs sont encore populaires aujourd'hui.

James Nason du Massachusetts , États-Unis, est crédité de la

conception d'une machine à café au début de 1865, mais il était

un autre Américain nommé Hanson Goodrich qui a inventé

le poêle -top percolateur moderne . Il a reçu un brevet

pour son invention le 16 Août 1889. Sa conception a été très

similaires à ceux qui sont vendus aujourd'hui. Versions électriques de

le poêle -top percolateur ont été développés à la fin des années 1800 .

Les consommateurs les aimaient , car il leur a permis de brasser pot

après pot de café sans avoir à traiter avec un poêle .

L'invention de M. Coffee , le premier dans le commerce

succès automatique cafetière filtre , en 1972 ,

révolutionné la façon dont le café est préparé. Il était si populaire

avec les consommateurs qui percolateurs a presque complètement disparu .

Même aujourd'hui , la plupart des fabricants de café filtre sont tout simplement des variations

de la conception Mr. Coffee .

BLENDEURS

En 1919 , Stephen J. Poplawski , propriétaire du Stevens

Compagnie d'électricité, était sous contrat avec le Arnold

Compagnie d'électricité pour la conception de boissons - mélangeurs . pendant

cette période , il est venu avec un design innovant , qui

a d'abord été utilisé pour mélanger le lait malté Horlicks secoue à

fontaines de soda . En 1922 , il a reçu un brevet pour cette invention . il a également

venu avec la conception d'un liquéfacteur mélangeur autour

en même temps que sa nouvelle boisson - mélangeur .

Dans les années 1930 , américain Fred Osius créé un nouveau genre

de mélangeur en améliorant à la conception de Poplawski . il

approché d'un musicien populaire , Fred Waring , pour financer

et de promouvoir sa conception , le Miracle Mixer , en 1933 . Fred

Waring redessiné par l'amélioration de la conception de l'axe de couteau

et pot étanchéité et publié sa propre version de la Waring

Blendor , en 1937 . Elle est rapidement devenu un outil indispensable dans

les hôpitaux et les cliniques pour la préparation des aliments spécifiques de régime et

grandement contribué à la recherche scientifique fondamentale . Dr Jonas Salk

utilisé pour le développement de l'un des grands succès médical

histoires du - siècle premier vaccin antipoliomyélitique oral 20 .

En 1937 , le GT Barnard de Vitamix a introduit un nouveau genre

de mélangeur également connu sous le Blender qui a utilisé un inoxydable

récipient en acier au lieu du verre Pyrex utilisé dans le récipient du mélangeur Waring . En 1946 , John
Oster Oster Barber Équipement

Société acheté Stevens compagnie électrique de Poplawski

et a commencé à concevoir son propre mélangeur , le Osterizer ,

qui à son tour a été acquise par Sunbeam Products en 1960 .

Mélangeurs Osterizer traditionnels sont encore vendus aujourd'hui.

Vers la même époque , les inventeurs en Europe et au Brésil

venu avec leurs propres variations du mélangeur . En 1943 ,

Traugott Oertli , un groupe national, conçu un mélangeur suisse , la

Turmix Standmixer , basé sur la conception mélangeur Waring .

Oertli également venu avec un appareil , la centrifugeuse Turmix ,

capable d'extraire du jus de légumes et de fruits .

Il a commencé à vendre cela comme un accessoire avec son Turmix

mélangeur. En 1944 , le Brésilien Waldemar Clemente , propriétaire

de la Société Walita Electric Appliance , venu

avec le Neutron Blender Walita basé sur le Turmix

Standmixer . Clemente est également crédité de venir

avec liquidificador , un mot qui , aujourd'hui encore, représente

mélangeur au Brésil . Waldemar Clemente a acquis la

brevets à TURMIX mélangeurs et centrifugeuses au Brésil et utilisés

Stratégie de marketing européen de Turmix à vendre plus de

un million de mélangeurs par les début des années 1950 . Dans le même temps ,

Walita a commencé à fabriquer des mélangeurs pour Philips , Sears ,

Siemens , Turmix , et de nombreuses autres entreprises . En 1971 ,

Royal Philips Co. a acquis Walita , qui est devenu une partie

de la division d'appareils de cuisine de Philips .

Passoires à thé

Théière ou boules sont utilisées pour attraper les feuilles de thé en vrac

tout en versant le thé . Leur histoire remonte à

les Chinois qui ont développé des filtres de bambou pour enlever

thé humide laisse dans un pot d'argile , dans le 10ème siècle avant JC . mais

il a fallu attendre le 17ème siècle que le thé fait son chemin à partir de

Chine dans les salons de l'aristocratie britannique. avec

son entrée dans la culture britannique a l'invention de la première

passoires à thé modernes . Ils ont été faits d'argent sterling

(un alliage contenant 92,5 pour cent d'argent et de 7,5 pour cent

cuivre en masse) , et principalement utilisé par la haute société anglaise

classes. Il n'était pas jusqu'au début du 20ème siècle que le thé

est devenu une boisson populaire au Royaume-Uni et passoires à thé

a commencé à être produit en masse . D'ici là, les Britanniques étaient

la fabrication de différents types de filtres - certains assez grand

pour s'adapter à une théière , d'autres assez petit pour tenir dans standardsized

des tasses de thé .

Il existe plusieurs types de filtres disponibles aujourd'hui,

mais ils sont tous menacés par l'omniprésent

sachet de thé.

Un filtre de pyramide , qui, comme son nom l'indique est

de forme pyramidale , est faite de treillis . Les feuilles de thé sont

inséré à l'intérieur de la pyramide , puis trempé dans de l'eau bouillante . La base de la pyramide s'ouvre de sorte que l' employé

feuilles peuvent être enlevés facilement.

Boules de thé sont de forme sphérique et de travailler sur le même

principe que passoires à thé de pyramide . La différence est que

ils ouvrent dans le centre . Ils sont disponibles en différentes

des matériaux tels que le métal , maille, et l'acier inoxydable .

Passoires Spoon ressemblent à une cuillère couverte en métal

avec des petits trous parsèment il . Ce sont généralement plus petits

que la boule de thé et pyramide passoires et ne sont pas vraiment

destiné à brasser une tasse de thé .

Pinces de thé ont de longues poignées qui ouvrent la crépine sur l'

extrémité opposée lorsqu'il est serré . Tamis en nylon s'asseoir sur le dessus de

une tasse de thé au lieu d'être immergé à l'intérieur. Le thé est ancré

dans de l'eau bouillante, puis on le verse dans une tasse à travers l'

crépine , ce qui stoppe les feuilles de tomber dans la tasse.

Passoires à thé bâton sont en forme de stylos en métal avec des trous

en eux. Ils doivent être immergés dans une tasse d'eau ,

avec les feuilles de thé placés à l'intérieur .

Dernier point mais non le moindre est la crépine nouveauté , qui fonctionne comme

mais toute autre tamis est disponible dans une variété de tailles et

formes comme des ours en peluche , des dinosaures, et les cœurs .

édulcorants artificiels

Sucre de plomb ou acétate de plomb a été la première sucre

substitut, largement utilisé par les Romains dans leur

vins et confitures . Mais l'étude montre maintenant qu'il est toxique .

Les gens célèbres , comme le pape Clément II en 1047 , ont même

morte d'un empoisonnement de l'acétate de plomb . Aujourd'hui substituts six de sucre

sont en cours d'utilisation - stevia commun , l'aspartame , le sucralose ,

néotame , acésulfame de potassium, et la saccharine .

Stevia est extraite des feuilles de plants de stévia et a

été utilisé comme édulcorant naturel en Amérique du Sud pour

siècles . Il ne provoque pas les niveaux de glucose dans le sang pour augmenter

après avoir mangé (zéro index glycémique) et a zéro calories .

Par conséquent, il est rapidement devenu populaire dans de nombreux pays .

Un édulcorant à base de stévia nommé Truvia a été approuvé en

les États-Unis en 2008 .

Scientifique américain James M. Schlatter au GD Searle

Société a découvert l'aspartame en 1965 . Il travaillait

sur un médicament anti- ulcère et accidentellement renversé un peu

l'aspartame sur sa main . Il a ensuite lécher ses doigts et

remarqué un goût sucré . En fait , l'aspartame est environ 200 fois

sucré que le sucre . Il est vendu comme l'égalité , NutraSweet , et

Canderel . Il n'est pas très approprié pour la cuisson car elle brise

devient bas et moins sucré lorsqu'il est chauffé . Le sucralose est un sucre chloré qui est environ 600 fois

sucré que le sucre normal. Il a été découvert par hasard

en 1976 par des chercheurs Leslie Hough et Shashikant

Phadnis au Queen Elizabeth College à Londres . un

jour Hough dit Phadnis pour tester un sucre chloré

composé . Phadnis mal compris et pensé que Hough

lui avait demandé de goûter et a trouvé que le composé est

exceptionnellement doux . Le produit a été rapidement populaire

car il est resté doux lorsqu'il est chauffé et pourrait être utilisé

pour la cuisson et la friture. Marques ordinaires de sucralose

inclure Splenda , sucre Natura gratuit, Sukrana , SucraPlus ,

et Nevella .

La saccharine a été synthétisé en 1879 par les chimistes Ira Remsen

et Constantin Fahlberg à l'Université Johns Hopkins à

Baltimore , Maryland . Il a également été découvert par accident ,

aurait , quand Fahlberg remarqué un goût sucré sur sa

remettre un soir . En 1884 Fahlberg breveté et nommé

le composé . Il a grandi plus tard riche de sa découverte ,

mais jamais reconnu le rôle de Remsen en elle. saccharine

premier est devenu populaire pendant la Première Guerre mondiale , quand il

avait des pénuries de sucre . Il est 300 à 500 fois plus sucré que

sucre , mais laisse un arrière-goût amer ou métallique . la plupart

marque américaine populaire de la saccharine est aujourd'hui Sweet N

Faible .

LAIT CONCENTRÉ

Le lait concentré est du lait de vache à partir de laquelle l'eau a

été retiré . Il est généralement sucré avec du sucre,

ce qui augmente sa durée de vie en empêchant la croissance

des micro-organismes .

Le lait de consommation était un risque important pour la santé avant l'

19ème siècle . Droit du lait de la vache dans l'embarras

au cours de l' heure d'été et des maladies provoquées connu sous le nom

la milksick , poison de lait , les slows , tremble , et la

mal de lait . Pour lutter contre ces maladies , le Français Nicolas

Appert lait condensé pour la première fois , en 1820 .

Aux États-Unis , le lait condensé seulement apparu dans

1853, produit par un producteur laitier nommé Gail Borden

Jr. En 1852 , Borden revenait , par la mer , d'un voyage à

Angleterre lorsque les vaches dans la cale du navire sont devenus trop

le mal de mer à traire et de ce fait , un immigrant

nourrisson est décédé . Borden a été dévastée par la mort et

a commencé à essayer de conservation du lait cru . Finalement, il a été

inspiré par le pan de vide hermétique utilisée par les Shakers ,

un groupe religieux , à condenser jus de fruits , et a été en mesure

pour réduire le lait sans roussir ou caillage il . sa première

lait condensé a duré trois jours sans se gâter. Borden a obtenu un brevet pour sucré condensé

lait en 1856 . Mais le produit n'a pas été bien reçus par les

le public qui ont été utilisés pour le lait édulcoré , avec

craie ajoutée pour la blancheur et de la mélasse pour l'onctuosité .

Ils se sont plaints de l'apparence et le goût de

lait condensé . Produit original de Borden , qui était

fabriqué à partir de lait écrémé et manquait de nutriments , était même blâmés pour contribuer à un rachitisme contemporains

épidémie chez les enfants.

Par conséquent, les deux premières usines de Borden ont échoué et que l'

troisième , à Wassaic , New York , a produit un produit utilisable

qui était de longue durée et n'avaient pas besoin de réfrigération .

Son entreprise a été inattendue aidé par un morceau de

journalisme d'investigation dans journal illustré de Leslie .

Le rapport a exposé le fait troublant que la concurrence

fournisseurs de lait frais se nourrissent les vaches de New York,

distillerie purée de réduire les coûts .

En 1858 , le lait de Borden , vendu comme l' Eagle Brand , avait gagné

une réputation de pureté , la durabilité et l'économie . demande

a également été tirée par la guerre de Sécession . Les États-Unis

gouvernement a ordonné d'énormes quantités de lait condensé comme

une ration de terrain pour les soldats de l'Union pendant la guerre . militaires

retour à la maison , puis à passer le mot et le lait condensé

est devenu une industrie importante à la fin des années 1860 .

SACHETS

Le premier brevet pour un sachet de thé , intitulé Titulaire de feuilles de thé ,

a été délivré à Roberta Lawson et Mary McLaren de

Milwaukee , Wisconsin , en 1903 . Leur invention , qui

a été un petit sac en tissu à mailles ouvertes , l'air

similaire à des sachets de thé modernes , mais n'a jamais été fabriqué .

Les sachets de thé sont apparus dans le commerce autour de 1904, mais il était

le thé et café marchand Thomas Sullivan de

New York, qui le premier les commercialisée avec succès .

Au tournant du 20e siècle , le thé était beaucoup plus

cher qu'aujourd'hui et très prisé par ceux qui

pouvaient se le permettre . A New York , les clients attendent avec impatience

chaque nouvelle cargaison de l'Inde et de la Chine . Lorsque la dernière

l'expédition est arrivé dans le port , les commerçants de thé comme Sullivan serait

envoyer des échantillons à l'aide de petites boîtes métalliques pour maintenir le thé .

La légende veut que Sullivan est devenu ennuyé à la haute

coût des boîtes et sont passés à de petits sacs de soie cousus à la main

en Juin 1908. clients étaient censés éliminer la

thé en vrac de petits sacs à brasser , mais certains l'ont trouvé

plus facile de déposer les sacs remplis dans l'eau chaude . réalisant

comment une telle pratique sac jetable était simple , ils

bientôt commencé à demander leur thé dans cet emballage , beaucoup

à la surprise de Sullivan ! Une chose qu'ils ne se plaignent

sur , c'est que le maillage sur les sacs de soie était trop fine . En réponse , Sullivan a développé sachets en gaze ,

qui ont été les premiers sachets de thé spécialement fait .

Malheureusement Sullivan a omis de prendre un brevet sur son

invention et on sait peu de ce qui lui est arrivé

ou à sa société par la suite. D'autres ont vite compris son

potentiel commercial et ont commencé à expérimenter avec d'autres

types de matériaux, y compris l'étamine , cellophane , et

papier perforé . Machines ont également été inventé pour remplacer

la couture à la main de sachets de thé .

Durant les années 1920 , les sachets de thé ont commencé à être produit en masse et

gagné en popularité aux États-Unis . Aujourd'hui sachets de thé sont pour la plupart

fabriqué à partir de fibres de papier . C'était William Hermanson , un

des fondateurs de Documents techniques Corporation de Boston ,

qui a inventé ces fibres de papier sachets de thé thermosoudées . En 1930 ,

Hermanson a vendu son brevet à l' Salada Tea Company .

Le sachet de thé rectangulaire n'a pas été inventé qu'en 1944 . Avant

pour cela, les sachets de thé ressemblaient petits sacs . C'était Tetley que

introduit des sachets de thé en Grande-Bretagne en 1953 , et a été rapidement

suivie par d'autres sociétés . En 2007, les sachets de thé constitués

une phénoménale de 96 pour cent du marché britannique .

CAFÉ INSTANTANÉ

Le café instantané , aussi appelé le café soluble ou de la poudre de café ,

est fabriqué par lyophilisation ou séchage par pulvérisation café infusé

haricots . La première version de café instantané peut avoir

été inventé vers 1771 , en Grande-Bretagne . Considéré comme un

composé de café , il a obtenu un brevet par les Britanniques

gouvernement . La première version américaine a été développé

en 1853 et une version expérimentale a été testée sur le terrain dans forme de gâteau , pendant la guerre de Sécession .

Un type de café instantané ou soluble a été inventé et

breveté en 1889 par M. David Strang de Invercargill ,

Nouvelle-Zélande . Il a été vendu sous le nom commercial

Café de Strang , citant son processus sec Hot - air breveté .

Satori Kato , un scientifique japonais travaille à Chicago en

1901, a inventé un produit similaire en utilisant un processus qu'il avait

développé à l'origine pour faire du thé instantané .

Un chimiste anglais du nom de George Constant Louis

Washington a développé son propre processus de café instantané

en 1906 . Sa marque de poudre de café , nommé Red E café ,

a été commercialisé en 1909 . Elle a dominé le marché en

les États-Unis pour les trois prochaines décennies , même si il y avait

beaucoup de gens qui n'aimaient pas son goût . En 1938 , Nestlé

La Suisse a lancé la marque Nescafé . Il a amélioré le goût de co- séchage extrait de café avec une égale

quantité de glucides solubles , et est rapidement devenu le

la marque la plus populaire de café instantané .

Le café instantané a trouvé un marché instantané dans l'armée .

Dans la Première Guerre mondiale , des soldats surnommés une « tasse de

George . Considérez cette citation d'un soldat américain ,

écriture à la maison dans les tranchées en 1918 :

Je suis très heureux malgré les rats , la pluie , la boue , les projets

[sic] , le bruit du canon et le cri de coquilles . Il faut

seulement une minute pour allumer mon petit réchauffeur d'huile et faire quelques George

Washington café ... Chaque soir, je propose une pétition spéciale à la santé et le bien -être de [M. Washington] .

Par la Seconde Guerre mondiale , le café instantané était incroyablement populaire

avec des soldats . G. Washington café , Nescafé , et d'autres

avaient tous vu le jour pour répondre à la demande . Haut vide

café lyophilisé a été développé peu de temps après la Seconde Guerre mondiale

II . En 1950 , la Société Borden avait élaboré des méthodes pour

faire l'extrait de café pur, sans glucides ajoutés ,

fabrication du café instantané en plus populaire. En 1963 , Maxwell

Maison a commencé la commercialisation de granulés lyophilisés , qui ont goûté

plus comme le café fraîchement moulu . Aujourd'hui , environ 15 pour cent des

La consommation de café des États-Unis est sous forme instantanée .

OUVRE-

En 1822 , les aliments en conserve était disponible en Grande-Bretagne , la France,

et les États-Unis . Les premières boîtes pesés plus

la nourriture qu'ils contenue et ont été ouverts en utilisant tous les

outils étaient disponibles à l'époque. Les instructions sur les

boîtes lisent " Couper autour de la partie supérieure près du bord extérieur d'un

burin et d'un marteau .

Dédié ouvre-boîtes est apparu dans les années 1850 et avait

primitive en forme de griffe ou de conceptions de type levier . En 1855 ,

Robert Yeates de Londres a inventé la première griffe en forme ouvre . En 1858 , Ezra Warner de Waterbury , Connecticut ,

États-Unis, a breveté un ouvreur de type levier . Il y avait une faucille tranchante ,

qui a été poussé dans la boîte et scié autour de son

bord . L'armée américaine a adopté cette ouvre au cours de la

Guerre civile américaine . Mais la faucille de couteau sur elle était trop

dangereux pour l'usage domestique et ainsi commis à l'épicerie

ouvert chaque peut avant que les clients ont à la maison .

La première roue tournante ouvre-boîte a été breveté en

Juillet 1870, par William Lyman de Meriden , Connecticut ,

et produit par la firme Baumgarten dans les années 1890 . la

roue de coupe est en rotation autour de la jante de la boîte à couper.

Mais la boîte devait être percé dans le milieu en premier. dans

1925, l'étoile peut ouvreur société de San Francisco, en Californie , l'amélioration de la conception de Lyman en ajoutant un deuxième ,

molette appelé une roue d'alimentation , ce qui permet une prise ferme de

la jante et faire perçage initial nécessaire .

Ouvre peut - tenant simultanément saisir la boîte et

l'ouvrir, ce qui rend inutile de tenir la boîte comme il est

être coupé . Le premier ouvreur a été breveté en 1931 par

Bunker Clancey Société de Kansas City , Missouri ,

et a été , par conséquent , appelé le Bunker . Il était semblable à

la conception d'étoile mais de type pince ajouté poignées pour bien

préhension de la jante. Cette conception efficace est encore utilisé aujourd'hui .

Un ouvre-boîte électrique similaire à la soute a été breveté

en 1931 mais n'a pas été trouver le succès jusqu'aux années 1950.

En 1866 , un ouvreur avec un design complètement différent était breveté par J. Osterhoudt . Au lieu de percer la boîte, il déchira

hors tension et enroulé une bande pré- marqué juste en dessous du couvercle . Il était

appelé une clé, car elle ressemblait à une clé de la porte . aujourd'hui comme

ouvreurs sont vendus avec de nombreuses petites boîtes à parois minces .

Ouvre avec des dessins simples et robustes peuvent avoir été

spécialement développé pour une utilisation militaire . Par exemple,

le P -38 et P-51 ont été utilisés par les Américains pendant la Première

Guerre mondiale. Le P -38 était aussi connu comme un John Wayne parce

une fois que l'acteur a été démontrée en utilisant une dans un film de formation .

Parapluies de cocktail

Un parapluie de cocktail est un petit parapluie ou parasol fait

à partir de papier , de carton , et un cure-dents et est utilisé en tant que

garniture ou de décoration dans les cocktails , desserts, ou d'autres aliments

et des boissons . Le parapluie est façonnée à partir de papier et de

peut être modelée avec des nervures en carton. Les nervures sont faites

à partir de carton afin de fournir une flexibilité avec des charnières

de sorte que le cadre peut être tiré fermé un peu comme un

parapluie ordinaire . Un petit anneau de fixation en plastique est souvent

façonné contre la tige , généralement un cure-dent , afin

pour empêcher l'égide de se plier spontanément .

Il s'agit d'un manchon de journal plié sous le col

d'agir comme une entretoise . Ce journal est généralement dans les deux

Japonais, chinois , ou une langue indienne , faisant allusion à la

l'origine de parapluie .

En fait , parapluies de cocktail sont devenus un élément clé

le culte de la Tiki . Le culte Tiki implique une appréciation

de la barre de tiki , aussi connu comme un bar polynésien . cette barre

se spécialise dans l'île de décor, cuisine exotique , tropical et

boissons surmontés de parasols cocktails et autres fantaisie

attirail . La commune de tiki a joué un pivot si

rôle méconnu dans la culture occidentale depuis plus de 60

ans . Mais préalablement à leur utilisation dans les bars tiki , on pense que

parapluies de cocktail étaient disponibles dans les restaurants chinois , indiquant que le parasol , ou du moins l'idée de mettre

dans un verre , était une invention chinoise - américaine. Il est possible

qu'ils ont été initialement conçus pour protéger des glaçons

dans les boissons du soleil. Cependant, les efforts pour confirmer

ces théories avec des sociétés chinoises et sino- américain

la vente des parapluies aujourd'hui ont été infructueuses.

Le parapluie de cocktail est censé être arrivé sur le

tiki bar scène dès 1932 , avec l'aimable autorisation Victor J. Bergeron ,

l'irascible fondateur unijambiste de Trader Vic à San

Francisco . Trader Vic est basé Francisco - San une grande

chaîne de restaurants de style polynésien . Les boissons servies de Vic

avec des parapluies de cocktail jusqu'au début des années 1940, lorsque

l'importation des petits parasols des usines en Extrême-

Est a été stoppée par le déclenchement de la Seconde Guerre mondiale . Cependant,

de l'aveu même de Bergeron , il avait d'abord choisi

l'idée du Don de la chaîne de restaurant Beachcomber

(maintenant fermé) , qui a lancé à manger de style polynésien

aux États-Unis . Lors de l'introduction , parapluies étaient

considéré comme très exotique , comme l'étaient la plupart des choses de la

Pacific Rim . Par ailleurs, Bergeron a également inventé plusieurs

boissons aromatisées au rhum qui est devenu célèbre . ils

eu des noms tels que la vengeance de missionnaire , Sufferin Bastard ,

et Mai Tai , ce qui signifie le meilleur en tahitien .

CHEWING GUM

Les gens ont apprécié le chewing-gum pendant au moins 5000 ans .

Gomme antique , en écorce de bouleau goudron , a été trouvé dans

Finlande empreintes encore sur elle des dents . Les anciens Grecs

et Romains mâchaient une résine du lentisque appelé

mastiche . Les deux écorce de bouleau et du mastic ont été réputé pour avoir

vertus médicinales .

Les Mayas d'Amérique centrale ont été mâcher

Chicle , issu de la sève sucrée de l'arbre sapotille ,

par le 2e siècle de notre ère . Leurs descendants mexicains

continué à mâcher Chicle . En Amérique du Nord , au début

Les colons européens ont commencé à mâcher résine de l'épinette

en mélange avec la cire d'abeille . La base de l'épinette a été progressivement

remplacée par de la cire de paraffine.

Inventeur américain Thomas Adams inventé moderne

mâcher de la gomme en 1869 . Adams avait acheté une tonne de

Chicle de chef mexicain Antonio López de Santa Anna ,

qui vivait alors en exil à Staten Island, New York.

Santa Anna avait importé Chicle de son Mexique natal ,

afin qu'il puisse faire des pneus , mais a très peu de succès .

Adams a ensuite passé plus d'un an à essayer de faire en Chicle

un substitut du caoutchouc , mais a échoué à chaque fois. Cependant, une

jour, il re - découvert un fait intéressant - Chicle est amusant à mâcher . En Février 1871, Adams New York Gum , qui

était lisse, plus douce et meilleur goût que tout paraffinbased

gomme , était disponible dans les pharmacies . En quelques

ans , Adams et d'autres fabricants vendaient

différentes saveurs de gomme à base de Chicle en grandes quantités .

Cependant , pas de gomme précoce pourrait tenir saveur très longtemps. ce

problème n'a pas été fixé jusqu'en 1880 quand William White

sucre combiné et le sirop de maïs avec Chicle . américain

entrepreneurs William Wrigley , Jr. et Frank H. Fleer

faites de nouveaux développements sur le problème de goût . Wrigley

Chewing Gum Company de Wrigley fondée à Chicago

en 1891 et habile stratégie de marketing utilisé pour devenir le

la célèbre marque de gomme dans le monde . Dans un tel intelligent

déplacer , il poste 3 bâtonnets de gomme gratuit pour tous énumérés dans le téléphone américain annuaire de plus de 7 millions de personnes !

Beaucoup de leurs premières marques comme Juicy Fruit , Menthe verte et

Doublemint sont encore très populaires aujourd'hui .

En 1906 , c'était la société basée à Philadelphie Fleer que

Chiclets lancées , la première bonbons gomme enduit . Sans sucre

gomme , recommandé par les dentistes , a été introduit

durant les années 1950 . Dans les années 1960 , de latex synthétique moins cher

matériaux en grande partie remplacés Chicle . Cependant , Chicle

continue d'être le mot commun pour la gomme à mâcher , en

Espagnol .

GUMBALLS

Selon la légende, le chewing-gum a été inventé autour de

le début du 20ème siècle par un anonyme allemand

épicier à New York . Un jour , agacé que ses blocs de

gomme ne se vendaient pas , il en ouate un morceau et le jeta

à travers le magasin. La boule de gomme est ensuite tombé dans un tonneau

de sucre et acquis un aspect nouveau étincelant .

L'épicier a ensuite montré sa découverte à un ami , à partir de

dont il a emprunté une machine arachide automatique , changement

son mécanisme pour distribuer des boules de gomme . Que ce

histoire est vraie n'est pas connue, mais il y avait soi-disant

distributeurs automatiques de bâton ou de la gomme en forme de bloc dès

1888 . En 1897 , la Société de fabrication Pulver

ajoutés personnages animés à ses machines de gomme comme une ajouté attraction . Cependant, les premières machines d'exécuter réelle

bonbons n'ont pas été observés jusqu'en 1907 , probablement libéré

d'abord par la Gum Co. Thomas Adams aux Etats-Unis .

Entrepreneur américain Frank Henry Fleer était l'un des

pionniers de la gomme à mâcher . Parmi ses premiers projets

a été la création de la gomme de sucrerie enduit et son invention ,

Chiclets , est encore très populaire aujourd'hui. Fleer cherchait

un type plus élastique de gomme et malgré son premier horriblement

tentatives collant et salissant , il a finalement fini avec

ce que nous savons que la gomme à bulles . Curieusement , il était son comptable , Walter Diemer , qui est crédité de trouver le

bonne combinaison d'ingrédients pour faire la gomme élastique

assez pour souffler dans une bulle sans nécessiter térébenthine

pour le retirer de la peau comme les premiers prototypes de Fleer fait!

Diemer a également établi la couleur de la gomme traditionnelle de rose

à l'aide de la seule teinte disponible sur le plateau quand il était

faire sa concoction . Sa création 1928 , Dubble Bubble ,

est devenu le premier bubblegum succès commercial . il

a été vendu à l'origine en tant que boules de gomme avec le nom estampillé

sur le revêtement de bonbons et plus tard comme de petites briques avec comique

emballages . Il est encore populaire aujourd'hui .

Breveté en 1923, la Société de fabrication Norris

produit leur ligne principale de machines à gommes chrome

durant les années 1930 . Ces machines peuvent accepter soit

cents ou cinq cents .

Un autre fabricant début de gomme pour gumball

machines aux États-Unis a été fondée en 1934 , la gomme Ford

et Machine Company de Akron , New York . la Ford

marque de machines à gommes a également eu un chrome brillant

couleur . Aujourd'hui , boules de gomme et les machines ils sont placés

en sont omniprésents et présent partout de barbier

commerces et de nettoyage à sec à des épiceries et même certains

suites exécutives .

nouilles instantanées

Taïwanais japonaise affaires Momofuku Ando

inventé les nouilles instantanées . En 1958 , il a fondé Nissin

Foods , basée à Osaka, au Japon . Pendant des années après la fin de

La Seconde Guerre mondiale , il y avait une pénurie constante de nourriture dans

Japon , et Ando , un président de la banque , a conclu que

la faim était le problème mondial le plus pressant de son temps . dans

1957 , sa banque n'a pas et Ando a commencé à développer un massproduced

soupe de nouilles déshydratées (ramen) pour le résoudre.

Dans sa première année , Ando avait aucun succès . La plupart du temps

la texture des nouilles après la cuisson n'était pas juste .

Un jour, cependant , Ando a jeté certaines des nouilles dans

huile de tempura que sa femme avait chauffé à préparer le dîner . il

alors découvert que la friture instantanée déshydraté les nouilles

et leur a donné une durée de vie plus longue. Non seulement cela , il a également

créé de petits trous qui ont fait cuire plus rapidement .

Les nouilles instantanées sont nés et , à l'âge de quarante -huit ans,

Ando a entrepris sa carrière comme M. de nouilles .

Les nouilles instantanées ont été commercialisés pour la première au Japon le 25 Août ,

1958 sous le nom de marque Chikin Ramen , ce qui signifie poulet

Ramen . Les consommateurs rapidement adopté la commodité d'

faire ramen instantanés à la maison . Il est devenu un aliment de base dans

Japon et d'autres marques , comme Maggi de Nestlé , entrés sur le marché . Andō à son tour regardé pour les clients internationaux .

Ando avait sa prochaine grande idée sur un voyage d'affaires à l'

États-Unis en 1966 . Il a observé dirigeants de supermarchés à Los

Angeles en utilisant leurs tasses de café en styromousse comme ramen bols .

Intrigué , Ando reproduit ces récipients de fortune pour

un nouveau produit . En 1971 , Nissin Cup Noodles introduit -

nouilles instantanées dans un polystyrène résistant à la chaleur imperméable à l'eau

tasse que seulement besoin d'eau bouillante pour cuire . Coupe nouilles

a été très fructueux , en particulier à l'étranger , où des bols ou

baguettes n'étaient généralement pas connues .

Les nouilles instantanées ont même été à l'espace ! andō développé

Espace Ram , un sous-vide ramen instantanés réalisés

en particulier pour l'astronaute japonais Soichi Noguchi 2005

trébucher sur la navette spatiale Discovery .

Selon un sondage mené en japonais l'année

2000 » , pensent les Japonais que leur meilleure invention de

le XXe siècle a été nouilles instantanées . partir de 2010 ,

environ 95 milliards de portions de nouilles instantanées sont

consommés dans le monde chaque année . C'est une moyenne de 14 bols par personne ! Comme Momofuku Ando , qui devint plus tard

un héros national japonais , a déclaré: « L'humanité est Noodlekind .

Ustensiles antiadhésifs

La découverte de la technologie anti-adhésive a commencé par la recherche

sur le réfrigérateur . Dr Roy Plunkett , un chimiste américain

à l'usine de produits chimiques cinétiques , une filiale de DuPont , a été

la recherche d' un produit chimique moins toxique pour les utiliser en tant que réfrigérant .

En 1938 , Plunkett a concocté un mélange qui devait

produire du gaz de tétrafluoroéthylène et laissé une nuit à un

basse température et sous pression. Le lendemain matin ,

il est arrivé au travail à trouver, une substance cireuse blanc à la place

du gaz qu'il avait prévu. La nouvelle substance était un

un polymère de polytétrafluoroéthylène (PTFE) . Il a été rapidement

reconnu comme un exceptionnel glissante et chimiquement

substance inerte . DuPont a déposé la procédure et

chimique Teflon en 1945 .

En 1951 , Dupont a développé des applications commerciales

Téflon sur le marché du pain et biscuits décision. mais

ils ont évité le marché des ustensiles de cuisine à la consommation en raison de

les problèmes potentiels liés à la dissémination de substances toxiques

gaz . Il n'était pas jusqu'à ce que l'ingénieur français Marc

Grégoire a trouvé un moyen de se lier PTFE avec de l'aluminium

que la première batterie de cuisine antiadhésive a été créé . Grégoire

avait commencé revêtement son matériel de pêche avec du téflon pour empêcher enchevêtrements . Son épouse Colette a suggéré d'utiliser le même

méthode pour revêtir ses casseroles . L'idée de Colette était un succès immédiat et un Français

brevet a été accordé pour le processus en 1954 . En 1955 , la

Grégoire a commencé à faire et la vente de batteries de cuisine antiadhésives

rupture de leur cuisine . Cela s'est avéré si populaire qu'en 1956

ils ont fondé la Société Tefal , formé en prenant Tef

de Teflon et Al de l'aluminium . Quelques années plus tard ,

un Américain du nom de Thomas Hardie a rencontré Grégoire alors que

sur un voyage d'affaires . Il a été impressionné par la batterie de cuisine

et persuadé DuPont pour les importer aux États-Unis . mais

DuPont a insisté sur le changement de nom Tefal à T -Fal en

le nom était trop proche de leur nom de marque Téflon .

Après de nombreuses tentatives pour les détaillants d'intérêt , Hardie

le grand magasin Macy enfin convaincu à New

York pour placer une petite commande de casseroles T -Fal . ils

est en vente pour $ 6,94 le 15 Décembre 1960 et à

l'étonnement de tous , rapidement épuisé , même pendant

une forte tempête de neige . En fait , ustensiles antiadhésifs était si

succès que les usines ne pouvaient pas augmenter la production

assez vite pour répondre à la demande . En 1961 , les ventes de T- Fal avaient

atteint un million de pièces par mois États-Unis seulement . autre

fabricants bientôt rejoints le marché comme Wearever , All-

Clad , Faberware , Viking , et Circulon . Alors que d'autres antiadhésive

matériaux de revêtement ont également été inventé , il est en Téflon

a dominé le marché .

BAGUETTES

Baguettes ou kuaizi sont les ustensiles alimentaires traditionnelles de

Chine, le Japon , la Corée et le Vietnam . traditionnellement kuaizi

sont détenus dans la main dominante , entre le pouce et

doigts , et utilisé pour ramasser des morceaux de nourriture . Les Anglais

mot baguette peut avoir été dérivé du chinois

Pidgin mot anglais chop -chop -dire rapidement.

Selon l'histoire chinoise , ont été utilisés baguettes première

au cours de la dynastie des Shang , et Zhou , le dernier roi de la

Dynastie Shang , utilisé des baguettes d'ivoire . Toutefois, les experts

croient que le bambou et le bois des baguettes étaient en usage

plus de 1000 ans avant baguettes d'ivoire . la première

preuve physique d'une paire de baguettes ont été faites

de bronze et de fouilles dans les ruines de Yin , la dernière

capitale de la dynastie Shang , aux environs de 1200 av. la

première référence textuelle connue à l'utilisation de baguettes

est à partir du 3ème siècle avant JC .

Les premières versions de baguettes peuvent avoir été utilisés

pour la cuisson , en remuant le feu , et de servir ou de saisir des morceaux de

la nourriture , mais pas comme des ustensiles de cuisine . Avec une population de plus en plus

et les ressources limitées de carburant , les anciens Chinois ont commencé à couper les aliments en petits morceaux afin qu'il cuire plus rapidement et

utiliser du carburant minimale . Ces morceaux de bouchées de nourriture faites couteaux inutile à la table et était parfait pour manger avec

baguettes . Baguettes ont commencé à être utilisés comme des ustensiles de cuisine

au cours de la dynastie des Han comme ils étaient plus laque

amical que les autres ustensiles alimentaires nettes .

En 500 après JC , baguettes avaient répandu de la Chine à l'autre

pays comme la Corée , le Vietnam et le Japon . Le premier japonais

baguettes ont été utilisés strictement pour des cérémonies religieuses

et ont été fabriqués à partir d'un morceau de bambou a rejoint à l'

haut . Ils considèrent un peu comme des pincettes . Par le 10ème

siècle, cependant , ils ont été effectué en deux séparée

morceaux . Or et d'argent des baguettes est devenu populaire dans le

Dynastie des Tang (618-907 AD) . Mais c'est seulement au cours de la

La dynastie des Ming (1368 - 1644 AD) , les baguettes sont devenus

populaire pour les servir et de manger , ont été nommés kuaizi ,

et acquis leur forme actuelle .

Saviez-vous ?

En Chine antique et médiévale , des baguettes d'argent étaient

parfois utilisé , car on croyait qu'ils ne le feraient

noircir s'ils sont entrés en contact avec de la nourriture empoisonnée .

Cette pratique doit avoir conduit à un malheureux

malentendus . Il est maintenant connu que l'argent n'a pas d'

réaction à l'arsenic ou le cyanure , mais peut changer de couleur si elle

entre en contact avec de l'ail , des oignons, des œufs ou - tous pourris de

qui libèrent de l'hydrogène sulfuré gazeux .

CLING WRAP

Cling -wrap ou de la nourriture enveloppe est un mince film plastique utilisé pour sceller

produits alimentaires dans des contenants de sorte qu'ils restent frais plus

une plus longue période de temps . Ces enveloppes peuvent s'accrocher à de nombreux

surfaces lisses et peut rester serré tout en couvrant

l' ouverture d'un récipient , sans autre adhésif ou

dispositifs . Cling -wrap est populairement appelé Gladwrap

en Australie et en Nouvelle-Zélande , et Saran -wrap dans

Amérique du Nord. Il a été initialement faite de vinylidène

le chlorure ou le PVDC . Ces films agissent comme une barrière contre l'

l'oxygène , l'humidité , les produits chimiques , et de la chaleur et sont donc parfait

pour la protection des aliments ainsi que la consommation et industriels

produits .

En 1933 , Ralph Wiley , un étudiant qui travaillait

comme un assistant de laboratoire à Dow Chemicals , accidentellement

PVDC découvert quand il est venu dans un flacon qu'il ne pouvait pas

frotter propre. Il a appelé la substance dans le eonite flacon ,

après un matériau indestructible dans la bande dessinée Petit

Orphan Annie . Chercheurs Dow convertis de eonite de Ralph

dans un film vert foncé et gras appelé Saran place.

Dow tard s'est débarrassé de la couleur verte de Saran et désagréable

odeur . Dans les premières années après la découverte de Saran , il a été utilisé par les militaires pour pulvériser leurs avions de chasse afin

qu'ils puissent être protégés contre les embruns de la mer et par les constructeurs d'ameublement . En 1956 , la US Food & Drug

Administration (FDA) a approuvé PVDC pour la nourriture spécifique

contacter ainsi que l'emballage alimentaire . En outre, PVDC a

également été autorisé pour une utilisation en tant que surface de contact avec les aliments dans l'

forme d'un polymère de base , en paquets joints alimentaires , en directe

contact avec les aliments secs , et pour les revêtements de carton dans

contact avec les aliments gras et aqueux .

SC Johnson commercialise désormais la marque Saran -Wrap de plastique

film. En Juillet 2004, le nom d'origine a été changé Saran

Saran Premium et la formulation a été modifiée pour

le polyéthylène basse densité (LDPE) , qui est plus sûr et

plus respectueux de l'environnement en plastique . Glad- Wrap, de

Union Carbide Corporation , et Handi -Wrap , sont d'autres

LDPE basé marques s'accrochent -wrap .

Saviez-vous ?

La chanson Clingwrap par l'Australien chanteur-compositeur Sam

Sparro contient des paroles telles que :

Vous devez avoir pensé que j'étais votre collation ,

Parce que maintenant vous en tenez à moi comme s'accrocher enveloppe .

Oh , parce que tu m'aimes .

Quand avez-vous si fou ?

Vous êtes collante, vous êtes collante, vous êtes collant ,

Et vous êtes comme film étirable .

CONSERVES

L'histoire de la nourriture en conserve commence en 1795 , lorsque les Français

gouvernement a offert 12 000 francs , un grand prix , à n'importe qui

qui pourrait inventer une méthode de conservation des aliments. napoléon

avait noté que célèbre une armée « se déplace sur le ventre , »

parce que ses troupes ont été détruits beaucoup plus par la faim

et le scorbut que par le combat .

Parisien Nicolas Appert , après avoir expérimenté pendant 15 ans ,

su conserver les aliments par la cuisson partiellement , étanchéité

dans des bouteilles étanches avec bouchons en liège et immersion

ceux-ci dans de l'eau bouillante. Des échantillons de la nourriture étaient Appert

prise par les troupes de Napoléon , qui ont voyagé par mer depuis plus d'

quatre mois, il est resté frais . Il a été récompensé en

1810 par l'empereur , pour son invention . Il a également écrit un

livre intitulé Le Livre de tous les ménages ou l'art de la préservation de

Animales et végétales de nombreuses années.

Marchand britannique Peter Durand breveté la boîte hermétique

pouvez méthode de conservation des aliments et autres denrées périssables dans

1810 . Le reste de son procédé de conservation est semblable à

Appert de . Les boîtes ont été faites de fer , revêtue d' étain

pour éviter la rouille et ont été beaucoup plus facile à manipuler que

Les bouteilles en verre de Appert . En 1812 , Durand a vendu son brevet à

deux Anglais , Bryan Donkin et John Hall , pour £ 1000 . Ils mettent en place une usine de mise en conserve à Bermondsey ,

Angleterre , et par 1813 , ont été la production de produits en conserve pour

l'armée et la marine britanniques . Légumes en conserve nutritifs

bientôt éliminé le scorbut .

Sir William Edward Parry a fait deux expéditions dans l'Arctique à

le Passage du Nord-Ouest dans les années 1820 et a pris la nourriture en conserve

sur ses deux voyages . Une boîte de quatre livres de rôti de veau ,

réalisée sur les voyages , mais jamais ouvert , a été conservé dans

un musée jusqu'à ce qu'il a été ouvert en 1938 . Le contenu , puis

plus de cent ans, ont été trouvés à être parfaitement

comestible ! Mais au début des boîtes ont été scellés avec des soudures au plomb , qui

parfois causé l'empoisonnement au plomb . Connu , les membres de

1845 expédition arctique de Sir John Franklin a subi de graves

saturnisme après trois années de manger de la viande de chien en conserve .

L' ouvre-boîte moderne a été inventé en 1865 , ce qui

produits en conserve encore plus pratique . le sanitaire

ou supérieure ouverte peut été présenté par le Can sanitaire

Société de New York en 1904 . Il ne tarda pas à dominer

le marché parce qu'il était facile à fabriquer et à

requis aucune soudure , éliminant ainsi la possibilité

du saturnisme . Aujourd'hui, il ya plus de 600 tailles

et styles de boîtes fabriquées et des aliments en conserve

est plus populaire que jamais .

les boissons en boîte

Boîtes ont été utilisés pour emballer la bière et des boissons gazeuses dès

1930 . Ils étaient plus robustes que les bouteilles en verre et plus facile

à stocker et à transporter . Boissons tôt conserve ont été factorysealed

et requis un ouvre spécial . Ces cylindrique

poinçon supérieur boîtes sont en fer ou de l'étain et eu un sommet plat

et le bas. Au milieu des années 1930, des boîtes avec des sommets en forme de cône

et plafonds qui pourraient être ouverts et versé comme des bouteilles

ont été mis au point . Ces sommets de cône et crowntainers étaient

produit jusqu'à la fin des années 1950 .

La première boisson gazeuse en conserve , Cliquot Club de Ginger Ale ,

a été lancé en 1938 . Il a utilisé une boîte de haut de cône produit

par la Continental Can Company , qui, souvent, une fuite ou

conféré une saveur métallique à la boisson . ces problèmes

faites les boissons en boîte lents pour attraper . Par la Seconde Guerre mondiale ,

boîtes étaient composés de seulement dix pour cent du marché de la boisson .

Il a fallu plusieurs années pour les défauts devront être élaborées . un

amélioration de la conception de Continental Can finalement permis

Pepsi -Cola pour lancer la première grande boisson gazeuse en conserve

1948 . Sa popularité a été retardée par la pénurie de métaux pendant la guerre de Corée au début des années 1950 , mais en 1960, Pepsi et

Crown Royal vendaient un grand nombre de doux en conserve

boissons . Inspiré par la compétition , Coca- Cola a commencé

boîtes de marketing à grande échelle peu après. Américain Ermal Fraze conçu le pull-tab ouvre en

1959 . Ceci a éliminé le besoin d' un ouvre-boîte séparée.

Apparemment , tout un pique-nique , Fraze oublié d'apporter un

ouvre-boîte et a été contraint d'utiliser un pare-chocs de voiture pour soulever la

Ouvrez les boîtes . Une nuit, il se souvenait de l'incident et

a commencé à travailler sur une auto- ouverture boîte . D'autres ont essayé de

viennent avec des dispositifs similaires , mais ils ont mal fonctionné ou

cassé facilement. Fraze résolu ces questions et son invention

faites boissons en conserve encore plus populaire . En 1965 , près de

75 pour cent des brasseries américaines ont été utilise. Cependant,

les gens ont tendance à jeter l'onglet après l'ouverture de leur

peut , créant un problème majeur de détritus .

Bientôt acier et boîtes de conserve ont été remplacés par l'aluminium

ceux qui ont de nombreux avantages : ils sont légers ,

pas cher , résistant à la corrosion , durable et recyclable . la

premier canettes en aluminium a été fabriqué par

Reynolds Metals Company en 1963 et utilisé pour un cola diète

appelé Slenderella . Crown Royal a adopté aluminium

peut , en 1964 et en 1967 , Pepsi et Coke suivi .

En 1977 , Fraze breveté le premier non - amovible , pushin

et pliez -back pop onglet ouvre . Ceci a résolu la litière

les problèmes associés à la languette de traction . En 1985 , la poptab canette d'aluminium dominé boissons conditionnées

marché .

La feuille d'aluminium

La feuille d'aluminium est définie en tant que feuilles d'aluminium que

sont inférieures à 0,2 mm d'épaisseur. Feuille des ménages est encore plus mince ,

typiquement de 0,016 mm ou 0,024 mm . Environ 75 pour cent

de papier d'aluminium est utilisé pour l'emballage des aliments, des produits cosmétiques

et des produits chimiques. Le reste est utilisé dans l'industrie

applications . La feuille d'aluminium terme a été popularisé

par Reynolds Metals , le premier fabricant dans le Nord

Amérique .

L'aluminium métallique est devenu disponible en grandes quantités

en 1888 . Alfred Gautschi de Gontenschwil , Suisse

fut le premier à produire une feuille d'aluminium en 1903 , à l'aide

le processus de laminage paquet bien connu . Gautschi empilé un

nombre de feuilles minces d'aluminium dans un paquet et laminés

il entre les cylindres de fer lourds . Il a répété le processus

avec en plus petits interstices entre les cylindres

jusqu'à ce que l' épaisseur de feuille souhaitée a été obtenue. autre

fabricant début était le Dr Lauber , Neher & Cie , fondée

à Kreuzlingen , en Suisse . En 1907 , ils ont découvert

un processus de laminage en continu de substitution et l'utilisation d' une feuille d'aluminium en tant que barrière protectrice.

Feuille d' étain avait été disponible dans le commerce depuis la fin du

19ème siècle . Mais ce n'était pas très malléable et a un léger goût métallique aux aliments emballés en elle. Ainsi, le nouveau

matériel rapidement remplacé . En 1911, basé en Suisse ,

entreprise de confiserie Tobler a commencé son emballage chocolat

barres dans une feuille d' aluminium , y compris leur unique triangulaire

barre de chocolat , Toblerone . L'utilisation de l'aluminium pour le

Enveloppement au chocolat a été un succès presque instantané , car il

il à l'abri de l'humidité et conservé l'arôme intact . par

1912, une feuille d'aluminium a également été utilisé par Maggi , maintenant

Nestlé Maggi , pour emballer les soupes et les cubes de bouillon .

La production commerciale de papier d'aluminium dans les Etats-Unis a commencé

en 1913 . Le marché initial a été très faible , ce qui rend la jambe

bandes d'identification des pigeons voyageurs . Mais bientôt , il y avait

de nombreuses autres applications comme des enveloppements pour le chocolat , le thé ,

Menthes Life Savers , friandises et gomme à mâcher . En 1921 ,

le premier carton pliant avec feuille d'aluminium

a été produite . L'industrie laitière a été un des premiers à adopter

depuis une feuille d'aluminium ne noircissent en contact avec

fromage et était d'environ 20 pour cent moins cher que le papier d'aluminium .

Feuille des ménages a été commercialisé à la fin des années 1920 .

La feuille d'aluminium est devenu un matériau majeur de l'emballage

pendant la Seconde Guerre mondiale . Après la guerre , ses applications ont commencé

à se multiplier, comme préformées contenants alimentaires en aluminium qui étaient

lancé en 1948 . Aujourd'hui , une feuille d'aluminium en plein couleurs , imprimés , gaufrés ou feuilleté est partout .

STORES VÉNITIENS

Stores vénitiens et stores à lamelles sont quelques-unes des plus

couramment utilisé stores . Ils peuvent être constitués de

plastique, le métal , le bambou, ou même en bois , avec des lattes

placées l'une au-dessus de l'autre . Comme les cordons ou bandes suspendre

les stores , les lamelles horizontales peuvent être tournés à l'

en même temps de telle sorte que l'un chevauche la latte

autre . Cela permet de contrôler la quantité de lumière circulant

dans la pièce. Cordons de levage supplémentaires qui passent par les

aide à lames horizontales pour soulever et abaisser les stores . la lamelle

largeurs peuvent varier , avec 25 mm étant les plus communément

largeur occasion .

Le store peut être retracée à la mi- 18

siècle, mais une grande partie de son histoire au début est basé sur des conjectures .

Bien que les dossiers de brevets crédit Gowin Knight et Edward

Beran de l'Angleterre avec l'invention de stores vénitiens , il

on croit que les Français utilisaient ces stores avant

eux. Cependant , le Français s'est référé à ces stores comme les

Persiennes , suggérant une origine asiatique . certains comptes

suggèrent que les Vénitiens , qui étaient commerçants , tirés sur ces stores des Perses , et il était le

Esclaves vénitiens qui les introduit en France .

En 1761 , l'église Saint-Pierre de Philadelphie est devenu le premier bâtiment aux Etats-Unis à être équipé de Venise

stores. John Webster est crédité d'être la première personne

aux États-Unis à utiliser et de vendre les stores vénitiens en

1767 . Stores vénitiens sont alors apparues dans la peinture 1787

par JL Gerome , intitulé La visite de Paul Jones

la Convention constitutionnelle . D'autres illustrations montrent

Stores vénitiens à l'Independence Hall de Philadelphie

au moment de la signature de la Déclaration de US

Indépendance .

Entre le 19e et 20e siècles , la plupart des bureaux

bâtiments aux États-Unis ont commencé à utiliser de Venise

stores pour réguler le flux de lumière dans leurs espaces de travail .

Durant les années 1930 , le Radio City Music Hall Building

et l'Empire State Building à New York est devenu

le premier grand bureau moderne des complexes à utiliser vénitien

stores pour les fenêtres . Le Burlington store vénitien

Co. , de Burlington, Vermont , est crédité de fournir

la plus importante commande unique pour stores vénitiens , qui étaient

utilisé pour couvrir les 6500 fenêtres , réparties sur 102 étages ,

de l' ensemble de l'Empire State Building .

BÉTON ARMÉ

Le mot de béton vient du mot latin concretus

ce qui signifie compact ou condensées. béton armé

contient des structures de renfort ayant une résistance élevée à la traction ,

tels que des barres d'acier qui contrecarrent la faible résistance à la traction

et l'élasticité de béton normal . Ces structures sont

intégré dans le nouveau béton avant qu'il ne durcisse .

Le béton a été utilisé pour la construction depuis romain

fois . Mais béton au début n'était pas armé et avait très

faible résistance à la traction . On ne sait pas avec certitude qui

l'inventeur de l'armature n'était que la construction de

petites chaloupes par Jean- Louis Lambot au début des années 1850

peut-être le premier exemple de réussite. Lambot , un agriculteur ,

renforcé ses bateaux avec des barres de fer et de grillage. il a également

proposé d'utiliser le matériau pour la construction de bâtiments .

En 1854 , un plâtrier , William Wilkinson de Newcastle -upon-

Tyne , Angleterre , construit une maison de petit serviteur de deux étages ,

le renforcement de la dalle de béton et le toit avec barres de fer

et câble , et breveté ce type de construction dans

Angleterre . Wilkinson construit plusieurs de ces structures , qui sont

souvent considérés comme les premiers bâtiments en béton armé .

Joseph Monier était un jardinier parisien qui a fait des pots et des bacs de béton armé avec un treillis de fer jardin .

Il expose son invention à l'Exposition de Paris en 1867 .

Il a également promu en béton armé pour une utilisation dans le domaine ferroviaire traverses , des tuyaux , des planchers , des arches et ponts , mais jamais

compris le principe de fonctionnement de renforcement.

Le constructeur français François Coignet a été le premier à

utilisation du béton armé dans les bâtiments à grande échelle . il

commencé à expérimenter avec le béton de fer renforcé dans

1852. Un an plus tard , il a construit une maison de quatre étages entièrement

de béton armé à Saint- Denis , une banlieue nord de

Paris . Ce bâtiment historique est toujours debout .

En 1879 , GA Wayss acheté les droits de Monier de

système et lancé la construction en béton armé

Allemagne et en Autriche . Ernest Ransome de San Francisco ,

Californie , a breveté un système en 1884 qui a utilisé torsadée

les tiges carrées en vue d'améliorer la liaison entre le béton

et le renforcement et l'a utilisé pour plusieurs grands bâtiments .

François Hennebique de Paris avait également commencé à construire

renforcé maisons en béton à la fin des années 1870 . En 1892, il

breveté le système Hennebique de construction et a commencé

d'établir des franchises dans les grandes villes . Son système modulaire

les colonnes et les faisceaux combinés en un seul monolithique

élément et était en grande partie responsable de la croissance rapide

de construction en béton armé en Europe .

CARTES DE VOEUX

Hallmark Cards et American Greetings sont le plus grand

producteurs de cartes de voeux dans le monde . On estime

qu'une personne dans le seul Royaume-Uni envoie 55 cartes par an sur

En moyenne, la fabrication de cartes de voeux d'un milliard de livres par année

entreprise . La coutume d'envoyer des cartes de voeux dates

retour à la Chine ancienne qui a échangé des messages

des écarts d'acquisition pour célébrer la nouvelle année et au début du

Egyptiens qui ont transmis leurs voeux sur des papyrus

rouleaux .

La main des cartes de vœux en papier ont été échangés dans

L'Europe au début du 15ème siècle. Les Allemands sont connus

avoir imprimé les voeux de Nouvel An de gravures sur bois

dès 1400, et Valentines de papier à la main ont été

échangés dans diverses parties de l'Europe au début à la mi-

15ème siècle .

Dans les années 1850 , la carte de voeux a été transformé à partir de

relativement cher , la main et la main - rendu

don à un moyen populaire et abordable de personnel

communication . Cette lancé de nouvelles tendances comme spécialement

conçu des cartes de Noël par Sir Henry Cole à Londres en

1843, la première publication de cartes de Valentine au Royaume-

Unis par Esther Howland en 1849, et des entreprises comme Marcus Ward & Co. , Goodall , et Charles Bennett massproducing

cartes de voeux dans les années 1860 . Cependant, Louis

Prang est généralement crédité avec le début de l'accueil

industrie de la carte en Amérique en 1856 . Au début des années 1870 ,

Prang a commencé à publier des éditions de luxe de Noël

cartes , qui ont trouvé un marché en Angleterre . En 1875 ,

il a introduit la première gamme complète de cartes de Noël

pour le public américain .

Un certain nombre de grands éditeurs de cartes de voeux d'aujourd'hui ,

qui concentre plus sur le sentiment exprimé que

sur des illustrations , ont été fondés vers 1906 . Ils

innovations importantes introduites dans les processus d'impression ,

techniques de l'art , et les traitements décoratifs pour voeux

cartes . Couleur lithographie (1930) était une telle innovation .

Pendant la Seconde Guerre mondiale, la carte de voeux américaine

industrie ont mis leurs ressources pour aider le gouvernement

vendre guerre obligations et fournir des cartes aux soldats stationnés

à l'étranger . Cette période a également marqué le début de son

relation étroite avec l' US Postal Service .

Cartes de voeux humoristiques , connus comme les cartes de studio, sont devenus

populaire à la fin des années 1940 et 1950 . Avec l'avènement de

les internautes électroniques des cartes postales, des cartes électroniques sont devenus

très populaire .

livres de poche

Un livre de poche , aussi connu sous le nom de poche ou souple , est

caractérisé par un papier ou carton épais couvercle

maintenues ensemble avec de la colle plutôt que des points de suture ou des agrafes .

Livres bon marché liés à papier ont existé depuis au

moins le 19ème siècle sous forme de brochures , yellowbacks , sou

romans et romans de gare . La plupart des formats modernes sont

classés en « marché de masse » ou livres de poche «commerce ».

Éditeur allemand Albatross Livres pionnier du 20ème

format de poche du marché de masse siècle en 1931 , mais

La Seconde Guerre mondiale coupé l'expérience courte . En 1935 , la Colombie-

éditeur Allen Lane a lancé les Penguin Books

empreinte de dix titres réimpression . L'empreinte a adopté de nombreux

des innovations Albatros de , y compris un logo bien en vue

et couvertures pour les différents genres codés par couleur , et était un

réussite financière immédiate . Penguin Books essentiellement

a commencé la révolution de poche dans la langue anglaise

marché du livre . Numéro un sur la liste première de pingouin de

livres en 1935 était Ariel André Maurois .

Lane a voulu produire des livres bon marché . il a acheté

droits poche des éditeurs , commandés en gros caractères

pistes, quelques 20 000 exemplaires, et cherché non traditionnel

points de vente pour maintenir les prix unitaires bas . Vendeurs étaient initialement réticents à acheter
ses livres , mais quand Woolworths

placé une commande importante, les livres vendus très bien . après

que le succès initial , les libraires ne sont plus réticents

à d' formats .

En 1939 , Robert de Graaf des États-Unis en partenariat

avec Simon & Schuster pour créer l'étiquette Pocket Books . la

livre de poche terme est vite devenu synonyme de poche

en langue anglaise en Amérique du Nord . De Graaf , comme Lane ,

droits acquis poche d'autres éditeurs et

produit de nombreux essais . Afin de parvenir à un plus large

marché de Lane , il a utilisé les réseaux de distribution de

journaux et magazines, qui ont une longue histoire

d'être destiné à un public de masse . Ce fut le début

de livres de poche du marché de masse . Tp et hc , qui sont

distribué par livre grossistes et des distributeurs , ont été

lancé à la même époque .

De James Hilton Lost Horizon est souvent cité comme le premier

Livre de poche américaine en raison de son numéro un

position dans ce qui est devenu une très longue liste de livres de poche .

Mais le premier marché de masse , poche , livre de poche

imprimé aux Etats-Unis était une édition de de Pearl Buck The Good

Terre par Pocket Books comme une preuve de concept en

la fin de 1938 et vendu à New York . En 1960 , les ventes de

livres de poche d'abord dépassé celles de formats .

LAMPES DE POCHE

Français George Leclanché a inventé la pile humide

en 1866 . Elle contenait de l'acide qui pourrait se répandre si basculé .

En 1888 , un scientifique allemand , le Dr Carl Gassner , enfermé la cellule humide dans un récipient scellé de zinc , la création de la première

batterie le portable pile sèche . En 1896 , une pile sèche améliorée

a été inventé , en utilisant un électrolyte en pâte au lieu d'un liquide .

Pendant ce temps , Joseph Swan en Angleterre et Thomas Edison

en Amérique avait inventé la lampe à incandescence moderne

ampoule en 1879 . des cellules sèches et ampoules miniatures fait l'

premières lampes de poche électriques , aussi connu comme des torches, des possibles .

En 1898 , la Société nationale a lancé le carbone de type D

pile sèche , qui a fourni assez de puissance pour ordinateur de poche

lampes portatives . L'un des premiers produits alimentés par elle était

une broche avec une ampoule miniature . Fils reliés l'ampoule

à une batterie, qui était caché dans une poche ou derrière un foulard .

Lorsque le porteur appuie sur un interrupteur , la lampe éclair . utilisateurs

utilisations pratiques bientôt découverts pour cette invention tels que

lecture dans les restaurants ou les théâtres sombres .

Pendant de nombreuses années , la marque leader dans les lampes de poche était

Eveready , à l'origine l'American électrique de nouveauté et

Entreprise de fabrication . Un immigrant russe , Conrad

Hubert , a commencé à New York , en 1898 . David Misell , un inventeur anglais , a commencé à travailler pour Hubert en 1897 . En

1899, la compagnie de Hubert a obtenu un brevet pour un moteur électrique

dispositif . Ce dispositif , conçu par Misell , ressemblait beaucoup à

une lampe de poche moderne . Il était propulsé par D - batteries prévues

avant vers l'arrière dans un tube de papier à l'ampoule et une

rugueux réflecteur en laiton à une extrémité . La société fait don

certains de ces appareils à la police de New York , qui

répondu favorablement à eux. En 1903 , Hubert breveté

une lampe de poche avec un interrupteur marche / arrêt dans un cylindrique moderne

l'enveloppe contenant la lampe et les piles.

Ces premières lampes de poche ont couru sur les piles zinc - carbone , qui

ne pouvaient pas fournir un courant électrique stable et nécessaire

périodique repose de continuer à fonctionner . Ils ont également utilisé

ampoules à filament de carbone énergivores , ce qui signifie

que les restes devaient être fréquents . Par conséquent , ils pourraient être

utilisé uniquement pour de courtes bouffées , ce qui entraîne l'affichage lumineux à long terme.

Développement de la lampe à filament de tungstène autour de

1906 , avec trois fois l'efficacité de filaments de carbone

et batteries améliorées, fait des lampes de poche plus utile

et populaire . En 1922 , l'ordinateur de poche , lanterne , projecteur et

versions étaient disponibles . Blanc puissant et fiable

LED ont été introduits en 1999 par les Lumileds

Corporation de San Jose, en Californie . Ce sont maintenant

remplacement des ampoules à incandescence dans les lampes de poche .

tirelires

Pendant le Moyen Age , le métal est à la fois coûteux et

difficiles à trouver dans toute l'Europe . En conséquence , les familles

utilisé l'argile pour créer divers pots de ménage, pots , bols , et lavabos . En moyen-anglais , pygg renvoyé à un

type d'argile d'orange couramment utilisé pour la fabrication de tels

articles . Les gens ont souvent économisé de l'argent dans des pots de cuisine et

bocaux en pygg , appelés pots de pygg . Voyelles au début

Anglais avaient des sons différents qu'ils ne le font aujourd'hui, donc

pendant le temps des Saxons , le mot serait pygg

ont été prononcés roquet . Mais comme la prononciation de

'y' changé à partir d'un «u» pour un «i », pygg finalement venu à

être prononcé comme cochon . Peut-être une coïncidence, la vieille

Mot anglais pour les porcs , l'animal de ferme , était picga , avec

le mot anglais moyen évolution dans Pigge , peut-être

en raison du fait que les animaux enroulés autour de

boue pygg et la saleté.

Au cours des deux cents à trois cents prochaines années , la

argile (pygg) et l'animal (Pigge) venaient d'être prononcées

les mêmes et les Européens ont oublié lentement que pygg fois

référence aux pots en terre cuite , pots et tasses . par l'

18ème siècle , l'orthographe de pygg avait changé et l'

pot de pygg terme a évolué à la banque de porc . Ainsi, dans le 19ème

siècle, lorsque les potiers anglais ont reçu des demandes pour les banques pygg , ils ont commencé à produire des banques en forme

les porcs . Ce calembour visuel intelligent fait appel à des clients et

enfants ravis . Une fois que le sens avait transféré

de la substance à la forme , tirelires ont commencé à

être fabriqués à partir d'autres substances y compris le verre , la céramique,

porcelaine , le plâtre, et le plastique.

Une autre théorie est que, en Allemagne et dans les environs

pays , le porc est un symbole de la bonne chance . On croyait

que le maintien de l'argent dans une banque en forme de cochon apporterait

bonne fortune . Au Nouvel An, dits porcs chanceux sont encore

échangés comme cadeaux en Allemagne .

Européens de l'Ouest ne sont pas les seuls à faire porcin

banques. Au Japon, le Maneki Neko , ou chat d'argent , est souvent

placé dans la maison pour aider à apporter la bonne chance et la fortune

pour le ménage . Maneki Neko sont souvent utilisés comme une sorte

de tirelire , tenant menue monnaie et de l'argent pour le

famille . Encore plus intéressant , les premiers véritables tirelires ,

banques en terre cuite en forme de porcs avec des fentes en haut

pour le dépôt des pièces de monnaie , ont été réalisés en Java aussi loin que la

14ème siècle . Le celengan terme indonésien , qui signifie « comme

un sanglier " , a été utilisé pour décrire ces banques nationales .

BANDES DE CAOUTCHOUC

Une bande de caoutchouc , également connu en tant que liant , un élastique ou

bande élastique , une bande de laquais , bande lag , bande de lacka , ou

gumband , est une courte longueur de caoutchouc sous la forme d' un

boucle qui est couramment utilisé pour contenir plusieurs objets

ensemble. Ils sont également utilisés pour alimenter petit modèle

avions.

En 1839 , un Américain du nom de Charles Goodyear inventé

le processus de vulcanisation qui est encore utilisé pour faire

caoutchouc moderne . Le 17 Mars 1845, un inventeur britannique

et homme d'affaires du nom de Stephen Perry a breveté le

bandes de caoutchouc premiers en caoutchouc vulcanisé . Perry

société , Messers Perry et Co , Rubber Manufacturers

de Londres , a fait une variété de produits en caoutchouc vulcanisé .

Perry a inventé la bande de caoutchouc pour tenir les papiers ou

enveloppes ensemble. Fait intéressant , un autre inventeur , un docteur

Jaroslav Kourach , séparément inventé et breveté le

bande de caoutchouc dans la même année , le même jour .

Bandes de caoutchouc ont d'abord été produites en masse par William H.

Spencer le 7 Mars 1923, à Alliance, Ohio . ils étaient

fait dans son sous-sol de ourlets coupés de rebut

les produits en caoutchouc , tels que des chambres à air de rejet

la Société Goodyear . Spencer , un serre-frein pour la Pennsylvania Railroad , a commencé à vendre ses bandes de caoutchouc

dans les magasins de fournitures de bureau et les sorties papier et la ficelle . son

grande coupure est venue quand il a remarqué des exemplaires du Akron

Beacon Journal souffle sur les pelouses . Il a convaincu le

journal de lier son produit avec ses bandes de caoutchouc

et il est devenu le premier journal au monde à le faire

pour la livraison à domicile . Il a également convaincu les épiciers à utiliser son

bandes de caoutchouc au lieu de chaîne pour garantir l'épicerie .

Spencer a continué à travailler pour le chemin de fer pendant 14 ans

tandis que la construction d'une entreprise de caoutchouc bande à son Alliance usine . Aujourd'hui , son Rubber Company Alliance est le plus grand

producteur de bandes de caoutchouc dans le monde. Il fait 17,3

milliard de bandes de caoutchouc par an , en plus d'autres fonctions ,

l'envoi et l'emballage des produits . Ses produits sont vendus dans

plus de 30 pays . Spencer est mort en 1986 , âgé de 94 .

Saviez-vous ?

Les Britanniques se plaindraient postiers jonchent

en jetant les bandes de caoutchouc utilisés pour maintenir la poste

ensemble. En 2004 , la Royal Mail a présenté des bandes rouges pour

leurs travailleurs . Ils étaient faciles à repérer et que le Royal

Mail les utiliser . Ce fait les employés se sentent obligés

pour ramasser bandes qu'ils avaient abandonné , qui a largement

résolu le problème . Actuellement , certains 342 millions rouge

bandes sont utilisées chaque année .

Horloges grand-père

Horloges grand-père , proprement dites horloges de parquet , sont

grands , autonomes , pendule pendules à poids - avec

le pendule a tenu l'intérieur du boîtier . Les termes grand-père ,

grand-mère , petite-fille et ont tous été appliquée à

parquet horloges . Le consensus général semble être que

horloge inférieure à 5 pi est une petite-fille , entre 5 et

6 pi est une grand-mère et de plus de 6 pieds est un grand-père . plus

horloges de parquet frappent le temps sur chaque heure ou fraction

d' une heure . Il était horloger britannique William Clement

qui a produit les premières horloges de parquet vers 1680 .

Comme le raconte , une horloge de parquet particulier a été mis

dans le hall de l'Hôtel George en Piercebridge , Nord

Yorkshire , en Angleterre, où il se trouve encore aujourd'hui . Il était

dit être extrêmement précis . Les propriétaires de l'hôtel étaient

une paire de célibataires, les frères Jenkins . Lorsque l'un de l'

frères sont morts , l'horloge précédemment précise curieusement

a commencé de perdre du temps . Au début, il a perdu 15 minutes par jour , mais

lorsque plusieurs clocksmiths ont renoncé à réparer le

malade montre , il perdait plus d'une heure chaque

jour . Après la mort de l'autre frère , l' horloge s'est arrêtée

fonctionnement tout à fait. Le nouveau directeur de l'hôtel n'a jamais

tenté de le faire réparer. Il a juste laissé debout dans un

coin ensoleillé du lobby , ses mains posées dans la position qu'ils ont assumé le moment où le dernier
frère Jenkins est mort .

Vers 1875 , un auteur-compositeur américain nommé Henry

Clay Work arrivé de séjourner à l'Hôtel George

lors d'un voyage en Angleterre . Il a été raconté l'histoire de la vieille

horloge et après l'avoir vu pour lui-même , a décidé de composer un

chanson. Travail est revenue à l'Amérique et publié

les paroles de cette chanson , l'horloge de mon grand-père , en 1876 . L'

chanson a été un grand succès , vendu plus d'un million de copies de la feuille

musique , et popularisé l' horloge grand-père terme . ici

est le premier couplet et le refrain de la chanson :

L'horloge de mon grand-père était trop grand pour le plateau ,

Donc, il était 90 années sur le sol ;

Il était plus grand que la moitié par le vieil homme lui-même,

Bien qu'il pèse pas plus d' un pennyweight .

Il a été acheté sur le matin du jour où il est né ,

Et a toujours été son trésor et de fierté ;

Mais il stopp'd court jamais à repartir , quand le vieil homme est mort .

CHORUS

Quatre-vingt dix ans sans endormie (tic, tic , tic, tic) ,

Sa vie secondes numérotation (tic, tic , tic, tic) ,

Il stopp'd court jamais à repartir , quand le vieil homme est mort .

DISQUE COMPACT

En 1974 , l'entreprise d'électronique Philips , basée à

Eindhoven , Pays-Bas , a commencé à développer une

disque audio optique avec une meilleure qualité sonore que le

puis disque vinyle dominante . Ils ont rapidement décidé d'utiliser

un format numérique. En 1977 , Philips a lancé un laboratoire à

commercialiser leur technologie . Ils ont choisi le terme

disque compact , et sa taille , 11,5 cm , pour correspondre à une autre

Philips produit la cassette compacte .

Pendant ce temps , Sony , basée au Japon , avait publiquement démontré un disque audio numérique optique en Septembre

1976. En 1978 , ils ont développé un disque avec les spécifications

similaire au CD moderne . En 1979 , les deux sociétés

décidé d'unir leurs efforts et mettre en place un groupe de travail mixte

forcer à achever le développement de la technologie . après une

année, le groupe de travail a produit la norme Red Book CD ,

qui se poursuit encore aujourd'hui. Philips a contribué le

général procédé de fabrication, sur la base de la plus ancienne

LaserDisc , et la technique de modulation audio , tandis que

Sony a contribué l'algorithme de correction d'erreur .

Le CD n'a pas été saluées unanimement. la majeure

American Record étiquettes -CBS , Warner , et RCA voulu

de continuer à vendre des disques vinyles . Cependant , même alors , tout le monde n'a pas été cherché vinyle . Le célèbre chef d'orchestre Herbert

von Karajan était un grand défenseur de la CD . il a déclaré

son soutien pour le nouveau système et de la musique par rapport à

documents traditionnels à l'éclairage au gaz obsolète .

Le premier CD de test a été pressé par Polydor près de Hanovre ,

Allemagne , et contenait de Richard Strauss Eine Alpensinfonie

(Une Symphonie alpestre) , interprété par l' Orchestre philharmonique de Berlin

et menée par von Karajan . En Août 1982 PolyGram

publié album de 1981 , de la première commerciale CD- ABBA

Les Visiteurs . Le 2 Mars 1983, les lecteurs de CD ont été libérés en

les États-Unis et d'autres marchés .

Le CD a nécessité le développement d'un nouveau paquet

qui protégerait sa surface sensible de dommages . il

devait également tenir un livret et être capable de automatique

ensemble . Les équipes de PolyGram en Allemagne et le

Pays-Bas a élaboré un ensemble de trois pièces adéquats en

de plastique (polystyrène) . Le prototype était si parfaite

qu'il a été surnommé le Jewel Case . Il reste la

norme mondiale pour les emballages de CD .

Aujourd'hui, les CD sont utilisés pour stocker des données ainsi que la musique . récent

formats vidéo tels que DVD et Blu-ray utilisent également le

même géométrie physique comme le CD . Mais avec la récente

popularité de MP3 , la vente de CD est en baisse.

STYROFOAM / thermocol

Le polystyrène est un plastique dur et clair qui a été accidentellement

découvert en 1839 par Eduard Simon , un apothicaire

Berlin . Il avait distillé une substance huileuse de styrax ,

la résine de l'arbre liquidambar turc , qu'il nomma

styrène . Quelques jours plus tard , Simon constaté que le styrène a

épaissie en gelée . En 1866 , le chimiste Marcelin Berthelot

découvert que ce changement était dû à la polymérisation de

styrène , un produit pétrochimique liquide trouvé dans styrax , et la

substance est devenu connu comme le polystyrène .

En 1941 , le caoutchouc était en pénurie en raison de World

Guerre mondiale et les chercheurs en chimie de la Société Dow

Laboratoire de physique ont essayé de développer un système flexible, caoutchouc

isolant électrique. Chef d'équipe d'une journée Otis McIntire

essayé styrène combinant avec de l'isobutylène , un volatile

liquide , sous pression . A sa grande surprise , l' isobutylène

petites bulles formées dans le styrène , la création d' une nouvelle

substance qui était 30 fois plus léger et plus souple que

polystyrène solide . Il était également peu coûteuse et de l'humidité

résistant . Ce polystyrène extrudé a été rapidement adopté

par la Garde côtière des États-Unis pour une utilisation dans un radeau de sauvetage de six homme .
bientôt

de nombreuses autres applications en temps de guerre suivies. Dow breveté

le matériau que la mousse de polystyrène en 1944 et présenté à

le marché civil en 1954 . Aujourd'hui, il est principalement utilisé pour les bâtiments et les arts et
métiers isolant .

Lorsque le polystyrène est exposé à un agent d'expansion gazeux ,

il forme une autre substance utile appelé élargi

polystyrène (EPS) . EPS est constitué de polystyrène expansé petit

perles contenant des millions de bulles d'air . Ceux-ci peuvent

être moulé dans un isolant solide, léger et thermiquement

solide qui est aussi appelé Thermocol , un nom introduit par le

Allemand BASF entreprise de produits chimiques en 1951 .

En 1954 , la Société Koppers Inc. de Pittsburgh ,

Pennsylvanie , développé mousse EPS . En 1957, le ciré

Paper Company de Chicago , Illinois , a déposé le premier brevet

pour polystyrène tasses . Ils ont affirmé que leur méthode

pourrait faire des tasses qui pourraient être tenues confortablement ' même si l'eau bouillante est versée dans la tasse. ' Cependant, il

n'est qu'en 1970 que la société Koppers introduit

bonnets en mousse modernes . Leurs tasses ont des parois minces , à moins de

deux fois le diamètre des billes , et une excellente thermique

propriétés d'isolation . Ils sont bientôt devenus populaires pour l'eau chaude

boissons . Contenants à emporter EPS , glacières de pique-nique , industriel

l'emballage, et d'autres applications ont suivi . Cependant,

depuis Styrofoam est une substance de marque principalement utilisé

pour l'isolation des bâtiments , à proprement parler , il n'y a pas

chose comme un gobelet en polystyrène ! Une tasse EPS serait un plus

nom précis .

Chappals TONGS / HAWAÏ

Flip-flops sont également connus comme Zori (Japon) , tongs

(Australie) , jandals (Nouvelle-Zélande) , chappals hawai (Inde

et le Pakistan) , et bien d'autres noms à travers le

monde. Le nom bascule origine du son

ces sandales font en marchant.

Tongs ont été portés pendant des milliers d'années .

Des photos d'eux se produisent dans les anciennes peintures murales égyptiennes de

4000 avant JC . Les exemples les plus anciens survivants ont été faites

de papyrus laisse autour de 1500 BC et sont maintenant dans la

British Museum . Bascules anticipées ont été fabriqués à partir de nombreux

matériaux comme le papyrus et des feuilles de palmier (Égypte) , peaux brutes

(Kenya) , le bois (Inde) , la paille de riz (Chine et Japon) , le sisal

feuilles (Amérique du Sud) , et la plante de yucca (Mexique) .

Flip-flops de diverses civilisations ont également différente

positions pour le strap orteil . Les anciens Grecs ont classé

entre les premier et deuxième orteils , les Romains préféraient

la deuxième et la troisième , alors que les Mésopotamiens ont choisi

la troisième et la quatrième . Les Japonais ont porté

sandales Zori depuis au moins la période Heian (794-1185

AD) . La bascule moderne a été introduit aux États-

Unis lorsque des soldats ont ramené avec eux après Zori

La Seconde Guerre mondiale au Japon en tant que souvenirs . Ils sont devenus très populaires dans les années 1950 . Tongs étaient si

facile à faire que ils sont devenus les premiers produits à être

lancé par de nombreuses sociétés japonaises au cours de leur post-

La reprise économique de la guerre. Mitsubishi a racheté un grand nombre de

ces entreprises et est devenu un grand exportateur début de bascules .

La plupart des bascules début avaient des semelles en caoutchouc et ont été

si mal faits qu'ils ont causé des cloques et ne durent

très long . Finalement, les entreprises japonaises déplacés bascule

production à Taiwan, en Corée , puis en Chine pour

réduire les coûts .

Aujourd'hui , bascules , comme les jeans , ont évolué de leur pas cher ,

origines de la classe ouvrière dans l'usage quotidien et parfois

même dans la haute couture. Certains coûts aussi peu que 1 $, alors que autres parsemée de cristaux Swarovski au coût de 150 $ ou plus.

En 2011 , lors de vacances à Hawaï , Barack Obama

est devenu le premier président américain à être photographié

porter des tongs . Le Dalaï Lama aime aussi bascules

et les porte souvent à des occasions formelles .

Saviez-vous ?

La conception simple de bascules est responsable de nombreuses pied

et les blessures aux jambes inférieure . En 2010 , au Royaume-Uni ,

autant que 200 000 personnes sont allées à l'hôpital avec bascule

blessures liées . Ces blessures coûtent le British National

Service de santé 40 millions de livres.

CONTREPLAQUÉ

« Contreplaqué », explique Popular Science en 1948 » , est une

LayerCake du bois et de la colle . Elle se compose de couches minces ,

moins de 3 mm d'épaisseur , de bois peu coûteux qui sont collées

ensemble, avec des couches adjacentes ayant leur grain à droite

des angles les unes aux autres . Cette grainage croix est très important

pour augmenter la résistance et la durabilité du contreplaqué.

Les Egyptiens ont inventé une forme de contreplaqué autour de 3500

BC . Lors d'une pénurie de bois , ils ont commencé à coller des couches minces

bois de cher sur le dessus de panneaux moins chers . En l'an 1000 ,

les Chinois à raser bois et le coller ensemble pour

fabriquer des meubles . Les Anglais , Français et Russes ont également

compris le principe général de contreplaqué par la 17e

et 18e siècles . Contreplaqué début a été généralement faite à partir

feuillus décoratifs et utilisés pour des meubles de maison .

Le premier brevet pour le contreplaqué moderne a été publié en 1865

John K. Mayo de New York City . Mayo compris la

principe de grainage croix, mais il n'a jamais commercialisé

son invention .

En 1905 , la Société de fabrication de Portland , une petite

usine en bois boîte à Portland , Oregon , a commencé à

fabrication de contreplaqué d'une variété de résineux comme le sapin Douglas locale . Ils ont utilisé des pinceaux que de la colle

épandeurs et les prises de la maison que les presses et créé plusieurs

panneaux pour l'affichage à l'Exposition universelle de Portland de la même année .

Là, ils ont attiré beaucoup d'intérêt et d'une industrie était

né . Jusque vers 1919, le contreplaqué a été connu comme l'échelle

planche , bois collé et bois bâtie.

L'absence d'un adhésif étanche encore fait contreplaqué

impropre à une utilisation en extérieur à long terme . Il n'était pas jusqu'à ce que

1934 que le Dr James Nevin , chimiste à Port Contreplaqué

Société à Aberdeen , Washington , a développé une

adhésif entièrement étanche . À la fin des années 1930 , à la suite

commerciale étendue , contreplaqué a été considérée comme une forte et un matériau durable pour la construction de maisons . guerre mondiale

Il a vu mis à de nombreux autres usages - caisses , des huttes ,

casernes, les torpilleurs , les planeurs et embarcations de sauvetage ayant une certaine

d'entre eux . L'industrie n'a cessé de croître depuis.

En 1982 , Kitply Industries Limited pionnier de l'utilisation de

contreplaqué imperméable en Inde . Aujourd'hui, le matériau est souvent

simplement appelé kitply . Mais avant cela, dès 1906 , l'Inde

avaient déjà commencé à importer contreplaqué . deux contreplaqué

usines ont commencé dans l'Assam en 1923-1924 , principalement pour

faisant caisses de thé . L'industrie s'est développée rapidement au cours

La Seconde Guerre mondiale et les usines de contreplaqué à l'aide de bois indien

ont été mis en place dans tout le pays .

VENTILATEURS

Un ingénieur de la Nouvelle-Orléans nommé Schuyler Wheeler

inventé le premier ventilateur électrique entre 1882 et 1886.

Il y avait deux lames attachées à un moteur électrique , mais pas de

cage de protection . Le Crocker & Curtis moteur électrique

Société commercialisée dans le commerce de ce produit .

Inventeur allemand - américain Philip H. Diehl introduit

le ventilateur de plafond électrique . Diehl était un immigrant allemand qui a travaillé pour la Singer Sewing Machine Company . dans

1882, il a monté une pale de ventilateur sur un moteur de machine à coudre

et fixé au plafond , inventant ainsi le plafond

fan , qu'il a fait breveter en 1887 . Plus tard , en tant que chef de Diehl

et Co. , il a ajouté un luminaire pour le ventilateur de plafond . En 1904 ,

il a ajouté un joint fendu -ball, qui a permis à la direction de

le flux d'air à être modifié ; trois ans plus tard , ce fut le

première oscillant ventilateur .

Ventilateurs électriques premières étaient très chers et sont

utilisé seulement dans les grands bureaux ou les maisons de riches . la première

les fans abordables ont été faites à partir vers la fin des années 1890 à

Au début des années 1920 . La plupart d'entre eux avaient des lames de laiton et de cages .

Cependant , les cages ne sont pas vraiment destinées à protéger

l'utilisateur, mais les pales du ventilateur coûteux. En fait , ils ont souvent

eu des ouvertures assez grandes pour les enfants à mettre leurs mains à l'intérieur , ce qui conduit à de
nombreuses blessures .

La Première Guerre mondiale a entraîné une pénurie de laiton , qui était

nécessaires pour les munitions , les fabricants de ventilateurs allumés

dans des cages en acier. General Electric a présenté fans avec

lames en aluminium qui se chevauchent , qui couraient beaucoup plus

tranquillement , à la fin des années 1920 . Emerson introduit la belle

encore fonctionnelle fan Silver Swan en 1932 . Sa conception d'art déco

lames d'aluminium utilisé, mais a été basée sur la forme d'un

yacht hélice . Ce ventilateur de cygne a été un succès majeur et

probablement contribué à Emerson survivre à la Grande Dépression .

La popularité croissante de climatiseurs au cours

les années 1950 ont diminué la demande pour les ventilateurs électriques et

les fabricants ont réagi en réduisant les coûts au détriment

de qualité .

En 1998 , American Walter K. Boyd a inventé le highvolume

à basse vitesse (HVLS) ventilateur de plafond . Boyd était

l'élaboration d'un système pour refroidir les vaches laitières , qui produisent

moins de lait quand ils sont en surchauffe . Il a créé un grand

ventilateur électrique utilisé 10 pales en aluminium et avait un

diamètre de 8 pieds. Il se déplaçait lentement , mais était très éconergétique

et n'a pas le coup de la poussière . Aujourd'hui les fans de HVLS sont

largement utilisé dans les entrepôts industriels , les usines et

centres commerciaux pour réduire le chauffage , et les coûts de refroidissement .

CONFETTI

Confetti est souvent jeté à des défilés, des fêtes et

mariages . Il est généralement fabriqué à partir de nombreux petits morceaux

de papier , mylar , ou d'un matériau métallique. Elle est disponible,

dans une variété de couleurs et de formes comme des étoiles et

des flocons de neige .

Le mot anglais confettis est liée à l'italienne

confiserie du même nom , qui était un petit bonbon

traditionnellement jeté pendant les carnavals . Ils peuvent avoir été inventé dans la ville de Sulmona , dans la province de L'Aquila ,

Italie centrale , au 15ème siècle , où ils continuent

à être fabriqués et vendus , même aujourd'hui. aussi connu

comme dragée , dragées ou dragées , italien

confettis se compose d'amandes ou de noix recouvertes d'une

couche de sucre dur . Le nom provient de l'italien

mot confit , comme dans la confiture , ce qui signifie fruit de préserver ou de la confiture .

Le mot italien pour confettis de papier est coriandoli , ce qui signifie

coriandre , qui peuvent impliquer que l'origine des bonbons

graines de coriandre contenus plutôt que les amandes .

Par tradition , confettis italienne est composée de différentes couleurs et

donnée aux invités les jours de fête , souvent enveloppé dans

petits sacs en filet léger (tulle) . il est

significations traditionnelles attribuées aux couleurs bleu ou rose pour les baptêmes, rouge pour les anniversaires et les graduations , vert pour

engagements, blanc pour les mariages, et une variété de couleurs

pour les anniversaires . Lors d'un mariage , ils sont censés représenter

l'espoir que le nouveau couple aura un mariage fertile .

Les Britanniques ont adopté des confettis pour les mariages , le déplacement de la

riz traditionnelle , des feuilles ou des fleurs, à la fin de la 19ème

siècle, en utilisant des lambeaux de papier de couleur symboliques plutôt

que de vrais bonbons . Une question 1885 de Scientific American

magazines chutes enregistrées de papier de couleur jetés

sur les gens à Paris à la veille du Nouvel An 1881 . Dès le début du

1900 , confettis de papier a été fabriqué et vendu la machine

partout dans le monde . Cascarones , coquilles d'œufs de confettis remplis destiné à être cassé au-dessus de la tête d'un ami , étaient

développé au Mexique au cours du 19ème siècle , où ils

sont devenus populaires pendant les fêtes tels que

Pâques , Cinco de Mayo, et le carnaval .

Confettis pétale naturel , à partir de fleurs lyophilisée

pétales , est récemment devenu populaire lors des mariages .

Saviez-vous ?

Confetti a une liste dans le Livre Guinness des

Enregistrements. Casey Larrain de Californie a le plus grand

collection de confettis avec quelques 1.700 formes uniques ;

y compris des confettis en forme de hot-dogs, Elvis Presley ,

fées , pirates , sèche-cheveux , vernis à ongles , rouge à lèvres et .

CARTON

Le mot de carton a été en usage depuis aussi longtemps dos

1683 , quand il a été déclaré , «Les fourreaux mentionnés dans

les grammaires du siècle dernier des imprimeurs étaient en carton

ou cartons . Les premières boîtes en carton commerciaux

ont été produites en Angleterre en 1817 . Ils ont été faits

de papier lourd qui a été pliée et découpée dans le

forme d'une boîte .

Papier ondulé ou plissé est plus forte que la normale

papier . Il a été breveté en Angleterre en 1856 par Healey et

Allen et à l'origine est devenu populaire en tant que doublure pour grand fourrure

chapeaux. Ce n'était pas jusqu'en 1871 que ondulé simple face

conseils ont été brevetés et utilisés pour l'expédition . le brevet

a été délivré à Albert L. Jones de New York, qui a utilisé

pour conditionnement de bouteilles et les cheminées de la lanterne de verre .

G. Smyth construit la première machine pour la production de masse

carton ondulé en 1874 . Dans la même année , Oliver long

amélioré la conception de Jones en inventant moderne

carte double face ondulée . En 1884 , le chimiste suédois

Carl F. Dahl a constaté que la pâte à papier à partir d'arbres résineux ,

comme le pin , pourrait être utilisé pour créer du papier kraft difficile.

Aujourd'hui, le carton ondulé est fabriqué par sertissage

couches de papier kraft dans une forme de répétition 's' appelle la cannelure ou cannelures . Plusieurs couches de papier kraft ,

appelé liners , sont ensuite collées sur chaque côté de la cannelure .

D'origine écossaise Robert Gair , une imprimante et du papier - fabricant de sac

à Brooklyn , New York , a inventé le carton prédécoupée ou

boîte de carton en 1890 . l'invention de Gair était un accident .

Un jour, il imprimait un ordre de sacs de semences quand un

règle métallique normalement utilisés pour froisser les sacs décalés dans

position et les couper à la place. Bientôt Gair découvert que

il pourrait faire carton préfabriqué bon marché

boîtes en coupant et les froisser en une seule opération .

Gair également appliqué son idée de carton plat ondulé quand

il est devenu disponible au début du 20e siècle. bientôt

cartons carton d'expédition remplaçaient bois

caisses et des boîtes . Cela réduit le poids global de l'

l'expédition et, finalement, les frais d'expédition . le Kellogg

Société pionnier de l'utilisation de boîtes en carton comme

cartons de céréales et le conteneur Société Kieckhefer de

Chicago a développé des cartons de lait de papier .

Architecte canado-américaine célèbre Frank Gehry

introduit facile Bords meubles en carton à la conception

monde entre 1969 et 1973. Plusieurs entreprises maintenant

fabriquer et vendre des tables en carton , chaises et un bureau qui peut

soutenir des milliers de livres .

ASPIRATEURS

Beaucoup de gens ont développé l' aspirateur . Il y avait

plusieurs balais mécaniques à propulsion manuelle brevetés au cours de la

19ème siècle . En 1899 , John Thurman de St. Louis , Missouri ,

conçu un rénovateur de tapis alimenté par l'air comprimé .

Cependant, la machine de Thurman n'était pas un aspirateur;

il a soufflé la poussière dans un récipient plutôt que de sucer po

Ingénieur anglais Hubert Booth a la demande la plus forte

à inventer l'aspirateur motorisé . En 1901, il

assisté à « une démonstration d'une machine américaine par son

inventeur " (peut-être Thurman) à l'Hôtel Empire Music

à Londres . Booth a vu la poussière de coup de dispositif de chaises

et pensé que ce serait beaucoup mieux si elle suçait la poussière

à la place. Il a créé un grand dispositif , surnommé le soufflage

Billy , qui a été initialement entraîné par un moteur à huile et

plus tard, par un moteur électrique . La pompe à vide et le moteur

ont été logés dans un panier de cheval , d'où une longue

tuyau serpentait dans la maison . Booth a commencé la Colombie

Société de Neato (BVCC) et affiné son

invention au cours des prochaines décennies . Nettoyage par aspiration

était une telle nouveauté que les dames de la société en Angleterre invités

leurs amis pour des parties de plus de vide !

En 1907 , James Spangler , concierge de Canton , Ohio , a inventé le premier aspirateur électrique pratique, portable

propre. Spangler essayait d'améliorer le vieux tapis

balayeuse il utilisé au travail . Il a bricolé avec un vieux électrique

moteur de ventilateur , attaché à une tribune agrafé à un balai

gérer , et utilisé une taie d'oreiller comme un collecteur de poussière . il

puis a commencé une entreprise de vendre son invention, mais bientôt vendu

il l'homme d'affaires William Hoover . Hoover redessiné

La machine de Spangler et lancé le modèle O en 1908 .

Un marketing innovant, dont 10 jours d'essais gratuit accueil

et vendeurs de porte-à - porte , vite fait le Hoover

Entreprise très prospère . En Grande-Bretagne , le nom de Hoover

est devenu synonyme de l'aspirateur . même

aujourd'hui, on aspirateurs ses tapis . D'autres fabricants , tels

Eureka et Electrolux , a commencé en concurrence avec Hoover .

Entre 1978 et 1993 , le designer industriel britannique James

Dyson construit 5000 prototypes avant il perfectionne son sans sac

aspirateur, qui fonctionne sur le principe

de séparation cyclonique . Aucun fabricant ou le distributeur

traiterait Dual Cyclone de Dyson , car il perturberait

le marché précieux pour les sacs à poussière de remplacement . il

finalement décidé de vendre le produit lui-même par

catalogues et il est devenu le vide le plus rapidement vendu

propre jamais fait. En mai 2001 , Dyson a eu 52 pour cent de

du marché en valeur . Récemment, aspirateurs robotisés ,

comme Roomba d'iRobot , ont également devenu populaire .

SERRURES

Les historiens ne savent pas où et quand la première serrure était

inventé . Une serrure à gorge utilise un ensemble de quartiers (obstructions)

empêcher que le verrou de tourner. La bonne clé a

encoches correspondant aux quartiers , ce qui lui permet de tourner librement .

Ce mécanisme a probablement été inventée par les Romains

et est encore utilisé aujourd'hui. Cependant , il n'est pas sûr, car les salles peuvent être contournés avec une clé de squelette dans lequel

la plupart des encoches ont été enlevés.

La plupart des autres serrures contiennent gorges qui doivent être déplacés

par la clé pour les ouvrir. Un exemple est l' arrêt à goupille

verrouillage , qui contient un ensemble de broches de différentes longueurs que

entraver le boulon . La touche de droite lève les broches , permettant le

boulon à tourner. Les Egyptiens connaissaient ce principe de base par

2000 av. Serrurier américain Linus Yale Sr. a inventé le

cylindrique serrure à goupilles moderne en 1848 . Son fils , Yale ,

Jr. , a présenté une petite clé , plat en 1861, avec en dents de scie

bords qui pourraient être apportées à des milliers de variations ,

améliorant ainsi la sécurité . Il a également développé la moderne

serrure à combinaison en 1862 .

Anglais serrurier Joseph Bramah breveté le Bramah

serrure cylindrique de sécurité en 1784 . Sa sophistiquée

mécanisme utilisé six plaques de métal comme des gobelets . En 1790 , Bramah affiché une serrure défi dans sa vitrine,

monté sur une carte qui disait:

L'artiste qui peut faire un instrument qui choisir ou ouvrir

ce verrou reçoit 200 guinées le moment où il est produit .

Ce verrou a été considéré incrochetable pendant 67 ans jusqu'à ce que

Serrurier américain Alfred Hobbs a ouvert et a été

décerné le prix . La tentative Hobbs requis 51 heures ,

réparties sur 16 jours.

Levier serrures à gorges utilisent un ensemble de leviers , souvent cinq ou sept

d'entre eux , comme des gobelets . Ils ont été inventés en Europe le 17ème siècle . Robert Barron d'Angleterre a breveté un

Version double effet en 1778 que nécessaire les leviers

pour être soulevé à une hauteur particulière pour ouvrir la serrure , ainsi

amélioration de la sécurité . Il est encore utilisé aujourd'hui, en particulier

pour un coffre-fort et des prisons . Jérémie Chubb de Portsmouth ,

Angleterre , a inventé un verrou de détecteur en 1818 . Ce levier

serrure à gorges a une caractéristique importante de la sécurité : il coincé

quand quelqu'un a essayé de toucher.

Le verrou à disque à tambour a été inventé par Emil Henriksson

en 1907 . Il a fendu disques rotatifs qui agissent comme des gobelets .

Le mécanisme est durable et ne peut pas être heurté , c'est à dire ,

ouvert avec une clé de bosse particulier , à la différence des serrures à gorges à broches.

Récemment serrures électroniques sont également devenus populaires .

TELECOMMANDE

L'inventeur Serbe - Américain célèbre Nikola Tesla

développé l'un des premiers exemples de la modernité

télécommande . En 1898 , il a démontré un radiocommandée

bateau lors d'une exposition au Madison Square

Jardin , New York . Peu de temps après , ingénieur espagnol

Leonardo Torres Quevedo - développé une télécommande sans fil

système de contrôle , il a appelé la Telekino . En 1906 , Torres

réussi à contrôler un bateau entraîné par le moteur à Bilbao

port de la côte, sur un mile de là, en présence

du roi d'Espagne et bien d'autres .

La télécommande de la télévision a été développé en 1950 par le

Zenith Electronics Corp de Chicago . Le président de Zenith

voulu développer un dispositif de « la sourde oreille ennuyeux

publicités ». Leur première distance , appelé Lazy Bones , était

connecté au téléviseur par un câble , mais qui a causé fréquentes

déclenchement . Zenith a ensuite développé une télécommande sans fil ,

la Flashmatic . Il a travaillé en braquant un faisceau de lumière sur un

TV équipé de quatre cellules photoélectriques . Mais la plupart des gens

Mot de la cellule qui a fait quoi et ils ont souvent été déclenchées

par d'autres sources lumineuses.

En 1956 , l'inventeur autrichien - américain Dr. Robert Adler

développé le Zenith Space Command de résoudre ces problèmes . Il utilise les ultrasons pour
transmettre des signaux à la télévision .

Son modèle original était mécanique - quatre tiges d'aluminium

généré les tons de l'échographie . Le processus produit une

clic audible chaque fois qu'un bouton a été pressé , à partir de laquelle

vient le clicker terme moderne .

Les premières unités de la Force spatiale étaient chers parce

leurs récepteurs utilisés six tubes à vide , l'augmentation du prix de

une télévision de trente pour cent . Au début des années 1960 , les télécommandes ont commencé

utilisant des transistors et est devenu moins cher et plus petit . zénith

a commencé la création de petites télécommandes fonctionnant sur batterie

que les cristaux piézo-électriques utilisés , au lieu de l'aluminium

de tiges, de générer des ultrasons . Ultrasons télécommandes

basée sur la conception d'Adler est resté populaire pour les 25 prochaines années

ans . Mais ils étaient loin d'être parfait . tout naturellement survenant bruit peut déclencher le récepteur accidentellement et

animaux pouvait entendre les signaux ultrasoniques . En 1980 , un Canadien

société nommée Viewstar lancé une télécommande

celle utilisée infrarouge à la place de l'échographie . Il s'agissait d'un

succès immédiat et les télécommandes infrarouges de Viewstar ,

Zenith , et d'autres sociétés ont bientôt commencé à dominer le

marché .

Au début des années 2000 , la plupart des maisons ont un grand nombre de

appareils, chacun avec une télécommande . Maintenant, il est encore

une toilette de télécommande, la C3 Kohler !

FORMULE INFANTILE

Il est un fait incontesté que le lait maternel est le meilleur aliment

pour les bébés. Dans les premiers temps , les femmes qui n'ont pas pu

allaiter leurs bébés utilisés pour compter sur les autres comme humide

infirmières pour les nourrir du lait maternel . Cependant, au cours de la

19ème siècle , les gens ont commencé à nourrir les bébés lait de

vaches, chèvres, chevaux, ânes et même . Le lait de vache a été

le plus courant.

Toutefois, ces bébés nourris au biberon étaient en moins bonne santé que

ceux nourris au sein et a souffert de déshydratation et bouleversé

estomacs . En 1838 , le scientifique allemand Johann Franz Simon a révélé que le lait de vache était beaucoup plus élevée en protéines , mais

inférieure en glucides que le lait humain . médecins alors

ont suggéré que les mères ajoutent de l'eau , le sucre et la crème à

rendre plus comme le lait maternel .

La première formule infantile réel a été développé en 1860 par

Scientifique allemand Justus von Liebig . Soluble infantile de Leibig

La nourriture était un mélange en poudre de la farine de blé , déshydratée

lait de vache , de la farine de malt , et le bicarbonate de potassium que

a dû être mélangé avec le lait de vache chaud. Nestlé

Société de Suisse bientôt venu avec leur propre

formule qui est similaire à Leibig de , mais moins cher . En 1919 , une nouvelle formule infantile le SMA (Synthetic

Adaptation de lait) a été créé par SMA nutrition

Michigan . Il a remplacé la graisse du lait animal et végétal

graisses et même contenait de l'huile de foie de morue . Quelques années plus tard

Nestlé a lancé Lactogen , construit à partir de légumes

huile , comme un concurrent de SMA .

Au milieu des années 1920 , la formule géant Similac a été lancé en

Boston, Massachusetts . Leur formule contient un mélange

du lait , de l'huile végétale , de calcium, de phosphore et de vache

sel . Il a obtenu son nom parce qu'il était soi-disant si semblables

à l'allaitement. Pourtant il n'y avait pas beaucoup de gens qui ont utilisé

les préparations pour nourrissons en raison de son coût élevé . En 1883 , John B.

Myenberg inventé un procédé pour éliminer le sucre de

lait évaporé . Autres ajoute ensuite le lait , le maïs de vache

sirop et de l'eau pour créer un peu coûteux, sans sucre

préparations pour nourrissons qui était facile à digérer . Les nourrissons qui se nourrissent de

il a grandi aussi bien que les nourrissons allaités et les années 1930 ,

préparations pour nourrissons a été de devenir très populaire .

À la fin des années 1950 , Similac a commencé à ajouter du fer , parce que

les bébés nourris au biberon ont tendance être une carence en fer par rapport

pour les bébés allaités . Depuis les années 1970 , de nombreux autres

des améliorations ont été apportées aux préparations pour nourrissons pour donner

il que de nombreux avantages du lait maternel que possible .

Q -TIPS

Des cotons-tiges , cotons-tiges, ou des oreillettes composent d'un petit

tampon de coton enroulé autour d' une ou deux extrémités d'un court

tige , généralement en bois, en papier ou en plastique roulé .

D'origine polonaise américain Leo Gerstenzang , qui a vécu à New

York , a inventé le coton-tige dans les années 1920 . sur

observant sa femme l'application des liasses de coton à cure-dents

dans une tentative pour atteindre les zones difficiles à nettoyer , Gerstenzang ,

qui était le fondateur de la société Q-tips ,

a eu l'idée de fabriquer une seule pièce prête à l'emploi

coton-tige . En 1923 , il fonde le Lion Gerstenzang

Co. nouveauté infantile , une entreprise qui a commercialisé les soins de bébé

accessoires . Son produit , qu'il nomma bébé Gays et

plus tard Q -tips bébé Gays , est allé à devenir le plus largement

marque nom - Q-tips vendus , où le Q synonyme de qualité .

L'origine du nom de bébé Gays n'est pas claire.

En 1958 , le Q-tips Société a acheté des bâtons de papier

Ltd de l'Angleterre , un fabricant de papier colle pour la

commerce de confiserie . Son machines a ensuite été

amené aux États- Unis et utilisé pour fabriquer Q-tip

Papier applicateur coton-tiges . Cette faites Q-tips disponibles

dans les deux variétés de bâton en bois et papier . des bâtons de bois

ont finalement été abandonnées dans les années 1980 . antimicrobiens

Q-tips ont été lancés en 1998 . Efforts récents ont porté sur la fabrication du produit plus respectueux de l'environnement ,

comme le changement de la matière plastique utilisée pour le bâton de PET

(polyéthylène téréphtalate) , qui est également utilisé pour

fabrication de bouteilles de boissons gazeuses. En Novembre 2011 , ces nouveaux

Q-tips ont été confirmés pour être biodégradable .

Le terme Q-tips est souvent utilisé comme un nom générique pour le coton

écouvillons . Aujourd'hui, près de 26 milliards de prélèvements Q-tips coton

sont produites chaque année. Mais ils ne sont plus utilisés

exclusivement pour les bébés. Les gens les utilisent pour appliquer de la colle

sur des projets d'artisanat , nettoyer les appareils électroniques , retirez

maquillage, les claviers d'ordinateur propres et d'autres difficiles toreach

endroits , enlever la saleté et les débris de leurs chiens »et

oreilles externes de chats, de collection de poussière , appliquer des onguents , peinture

modèles , et bien plus encore.

Saviez-vous ?

L'utilisation de tampons de coton pour nettoyer le conduit auditif est associée

sans prestations médicales et pose des risques certains . il peut

provoquer une otite externe , également connu sous le nom l'oreille du nageur , un

inflammation de l'oreille et du conduit auditif externe qui se traduit

en mal d'oreille . C'est aussi une des causes les plus courantes de

tympan perforé , qui nécessite parfois une intervention chirurgicale

à corriger .

DENTAIRE

Le fil dentaire est composé soit d'un faisceau de nylon mince

ou filaments en matière plastique comme le Téflon ou le polyéthylène , ou une soie

ruban , et est utilisé pour enlever la nourriture et la plaque dentaire

de dents . Il peut être aromatisé ou non aromatisé , ciré

ou non ciré . Dentistes conviennent que la soie dentaire en plus

le brossage des dents réduit la gingivite , qui est une maladie des gencives

souvent provoquée par l'accumulation de la plaque, par rapport à la dent

brossage seul .

Levi Spear Parmly , un dentiste de La Nouvelle-Orléans , est

crédité d'inventer la première forme de la soie dentaire .

Il a recommandé que les gens doivent se laver les dents

avec un fil de soie fine , dans un livre , un guide pratique à l'

Gestion des dents , publié en 1819 . Cependant ,

soie dentaire n'était pas disponible pour le consommateur jusqu'à la

Codman et Shurtleft Company, basée à Randolph ,

Massachusetts , a commencé à produire et la commercialisation humanusable

unwaxed bourre de soie en 1882 . Cela a été suivi dans

1896 par le premier fil dentaire de Johnson & Johnson

Corporation , qui a lancé une entreprise qui continue même

aujourd'hui. La société basée au New Jersey a reçu le premier

brevet pour la soie dentaire en 1898 . Leur produit a été fabriqué

à partir du même matériau de la soie utilisée par les médecins pour coudre

blessures . Autres marques premiers inclus Croix-Rouge , Salter Sill Co. , et Brunswick .

La soie dentaire a été mentionné dans la fiction littéraire depuis le

début du 20ème siècle . Par exemple, un caractère est représenté

utilisation de la soie dentaire dans le célèbre roman de James Joyce Ulysse .

Mais la soie n'a pas été largement utilisé avant la Seconde Guerre mondiale . autour

cette fois , américain Dr Charles C. Basse développé nylon

soie dentaire , probablement parce que les Japonais avaient coupé la

L'approvisionnement américain de soie . Il a constaté que la soie de nylon était mieux

que la soie en raison de sa plus grande résistance à l'abrasion et

élasticité . Après cela, la soie dentaire est vite devenu très populaire dans

les États-Unis . L'utilisation de nylon a également permis le développement

ciré fil dans les années 1940 et ruban dentaire dans les années 1950 .

Basse aussi articulé et promu la technique de basse

Brossage des dents . Pour cette raison, il est parfois appelé

comme le père de la dentisterie préventive .

Depuis lors , la variété des produits de la soie dentaire a

élargie pour inclure de nouveaux matériaux comme Gore -Tex , et différentes textures comme la soie spongieuse et la soie douce .

En réponse aux préoccupations environnementales , la soie fait à partir de matériaux biodégradables est également disponible . autre nouvelle produits comprennent la soie avec des extrémités raidies , ce qui est conçu pour rendre la soie dentaire plus facile pour ceux avec des accolades ou autres appareils dentaires .

LUNETTES

La première preuve de grossissement optique remonte à l'Egypte ancienne . Certains hiéroglyphes égyptiens de la 5ème siècle avant JC représentent des lentilles de verre simples . au cours de l' 1er siècle après JC , Sénèque le Jeune , un tuteur de l'empereur Nero de Rome , a écrit : « Les lettres , si petite et indistinct , on voit élargie et plus clairement à travers une globe ou le verre rempli d'eau .

L'utilisation de lentilles convexes pour former des images agrandies est discuté dans le scientifique arabe Alhazen livre d'Optique écrit en 1021 . Sa traduction en latin au 12e siècle a été contribué à l'invention de lunettes en Italie près de 1286 . Premiers verres étaient de poche et formés à partir de deux convexes des pièces en verre ou en cristal . Chacun a été entouré par un cadre avec une poignée reliée par un rivet . la première preuve picturale est 1352 portrait de Tommaso da Modena du cardinal Hugues de Provence .

A la fin du 14ème siècle , des milliers de spectacles

étaient exportés d'un pays à tout au long de

Europe. Les ducs de Milan a ordonné prestigieux

Florence lunettes par les centaines de donner comme

cadeaux aux courtisans , et les opticiens produits à la fois convexe et

lentilles concaves des différentes forces en grandes quantités . Mais c'est seulement en 1604 que les scientifiques Johannes Kepler publié

la première explication correcte de la façon convexe et concave

lentilles corrigées loin et la myopie (presbytie

et de la myopie , respectivement) . Le grand penseur américain ,

Benjamin Franklin , qui a souffert à la fois de la myopie et

presbytie , lunettes à double foyer inventé dans les années 1780 . Vexé

avoir à changer constamment de lunettes , Franklin a coupé son

lunettes de lecture en deux et les fusionnée avec ses distances

des lunettes . En mai 1785, il a écrit : « Comme je porte mes propres lunettes

constamment , je n'ai qu'à déplacer mes yeux vers le haut ou vers le bas, comme je l'ai

veulent voir distinctement près ou de loin , les verres appropriés étant

toujours prêt . " Les premières lentilles de correction d'astigmatisme

ont été construits par l'astronome britannique George Airy

en 1825 .

Les premiers oculaires étaient soit tenus à la main ou pince-nez , qui

sont fixées sur le nez de pression . Cadres modernes ont

été développé par 1727, peut-être par l'opticien Colombie

Edward Scarlett , mais n'ont pas réussi jusqu'à ce que le début

19ème siècle .

Au début du 20e siècle, Zeiss a développé Punktal

sphériques lentilles point discussion qui dominaient lunettes

lentilles pour de nombreuses années . Aujourd'hui , montures de lunettes durables

fait à partir d'alliages métalliques de forme sont largement disponibles . ces

cadres reviennent à leur forme correcte après avoir été plié .

AUDITION sida

La première preuve d'une aide auditive est dans un livre , intitulé

Magiae Naturalis (magie naturelle), publié en 1588 .

Dans ce volume , l'auteur italien Giovanni Battista Porta

discute aides auditives en bois sculpté dans les formes de

oreilles appartenant à des animaux avec une bonne audience , comme

chats . Pendant les années 1600 et 1700 , entendu les trompettes de l'aide

étaient populaires . Ils étaient ensemble à une extrémité pour recueillir son,

étroite à l'autre extrémité pour diriger le son amplifié en

oreille, et en corne d'animal , coquille de mer , verre , et plus tard

cuivre et le laiton . Ludwig van Beethoven était un notable

l'utilisateur d'entendre les trompettes de l'aide .

Pendant les années 1700 , la conduction osseuse a été découvert . ce

processus transmet les vibrations sonores directement par le

crâne au cerveau. Petits appareils en forme d'éventail ont été placés

derrière les oreilles afin de recueillir les ondes sonores et les dirigent à travers les petits os derrière l'oreille. La première pleine échelle

fabricant d'appareils auditifs était Frédéric Rein d'

Londres en 1800 . Il a produit les trompettes de l'oreille, entendre les fans ,

et tubes de conversation .

Pendant le 19ème siècle , des prothèses auditives caché ou invisible

est devenu populaire . Ils sont devenus des accessoires de décoration ,

intégrés dans des canapés , des colliers, des coiffures et des vêtements . Certains ont tenté de les cacher dans barbes . Les membres du

redevance avait même des appareils auditifs ont construit bien dans leurs trônes ,

avec des tubes spéciaux intégrés dans les accoudoirs de recueillir

les voix des sujets à genoux . Ceux-ci ont été orientés vers

une chambre d'écho particulier et amplifié avant de sortir

des ouvertures près de la tête du monarque .

Les premières aides auditives électroniques ont été construits après

Alexander Graham Bell a inventé le téléphone en 1876 .

Bell a son amplifié électroniquement dans son téléphone à l'aide

un microphone à charbon et la batterie. Ce concept a été

adopté en entendant les fabricants de prothèses . L'un des premiers

aides auditives portables documentée était par JC Chester

du Montana . Ces aides auditives sont lourdes

boîtes contenant des fils visibles et la batterie lourde

n'a duré que quelques heures . En 1899 , Miller Reese Hutchison

de la Société Akouphone breveté la première pratique

Prothèse auditive électrique à l'aide d'un émetteur de carbone et

batterie . Il était si grand qu'il a dû s'asseoir sur une table .

Poursuite de l'élaboration de prothèses auditives a mis l'accent sur la miniaturisation , d'une part à l'utilisation de tubes à vide ,

alors circuits transistors , et enfin intégré . zénith

lancé la première aide auditive tout transistor en 1952 . Aujourd'hui ,

programmables aides auditives tout numérique sont assez petits

pour s'adapter confortablement derrière l'oreille .

VERNIS & REMOVER

La coloration des ongles toutes les dates le chemin du retour à la Chine ancienne

et au Japon. Les anciens Egyptiens aussi colorées les ongles avec

henné , tandis que les Incas décoré leurs ongles avec

images des aigles . Portraits européens du 17ème

et 18e siècles représentent brillant, ongles vernis . par l'

début du 19ème siècle , les ongles étaient teintés

avec des huiles parfumées rouges puis taillés ou polis avec

une peau de chamois , plutôt que de simplement poli . européen

et livres de cuisine américains du 19ème siècle avaient même

directions pour faire des peintures à ongles . Ensuite, dans le 19ème et

début du 20e siècle , les ongles sont allés de nouveau à être poli

plutôt que peint . Les gens massés poudres teintées et

crèmes dans les ongles et ensuite polies brillantes .

Le Northam Warren Société de Stamford , Connecticut ,

lancé Cutex en 1911 . Ce produit est un extrait de la cuticule ,

d'où le nom découpe ex . Cutex produit les premières teintes à ongles en 1914 . En 1917 , ils ont introduit le premier liquide coloré

vernis à ongles en adaptant peinture automobile finition . En 1925 ,

vernis à ongles liquide a dominé le marché . En 1928 , Cutex

introduit un dissolvant à base d'acétone qui était sûr pour

usage domestique et l'augmentation de la vente de vernis à ongles parmi

jeunes femmes . Charles Revson , son frère Martin

Revson , et un nom de chimiste Charles Lachman commencé le Charles Revson Company à New York . de travail

pour eux était un artiste make- up française appelé Michelle

Menard . Menard a été inspiré par l'émail utilisé pour

peinture des voitures et je me demandais si les mêmes techniques pourraient

être utilisé pour créer de longue durée de vernis à ongles . Les fondateurs de

la société pensé que ce produit a un potentiel , et

mettre en place une usine à fabriquer. La société renommé

se Revlon , où «L» représentait Lachman , et a commencé

vendre le premier vernis à ongles moderne en 1932 à travers la beauté

et les salons de coiffure . Plus tard, ils ont introduit des rouges à lèvres pour correspondre

le vernis à ongles et de 1937, ont commencé à vendre leurs produits

dans les grands et les pharmacies . Les deux Cutex et

Revlon restent grandes marques aujourd'hui.

Le type le plus commun de vernis à ongles aujourd'hui encore

utilise l'acétone , qui est puissant et efficace, mais sévère

sur la peau et les ongles. Il peut également être utilisé pour enlever artificielle

ongles, qui sont habituellement faites de l'acrylique . la commune

autre est simplement appelé non - acétone vernis à ongles

Solvant et contient généralement de l'acétate d' éthyle. Il s'agit d'un moins solvant agressif et peut donc être utilisé pour enlever le vernis

polonais de faux ongles . Les problèmes de santé associés

avec ces décapants ont conduit à l'introduction récente de

produits entièrement naturels et biodégradables .

SERINGUES

Le mot seringue est dérivé du mot grec σuριγξ

(syrinx) signifie tube. La plus ancienne utilisation connue de seringues

était en Inde , où de grandes seringues sont encore utilisés pour gicler

couleur de l'eau pendant le festival hindou de Holi . la

premières seringues à piston à usage médical, comme des seringues nasales ,

ont été développés à l'époque romaine . Au 9ème siècle ,

Ali al - Mawsili « le chirurgien irakien / égyptien Ammar ibn

créé une seringue en utilisant une aiguille creuse (hypodermique) , un

tube de verre creux , et l'aspiration pour enlever la cataracte de

les yeux des patients . En 1844 , médecin irlandais Francis Rynd

réinventé l'aiguille creuse et l'a utilisé pour faire la

injections sous-cutanées d'abord enregistrées .

Les premiers brevets de seringues par John et Frédéric Weiss étaient

sorti en 1824 et 1851 respectivement . Alexander Wood ,

un médecin écossais , a inventé le hypodermique médical

seringue en 1853 . Elle a réuni une seringue de métal avec un

Aiguille creuse pointue assez fine pour percer la peau

sans couper une ouverture . Le travail de M. Bois a montré

que les seringues hypodermiques ont été utiles en médecine .

Vers la même époque , Charles Pravaz , un chirurgien de

Lyon , France , indépendamment développé un dispositif similaire

qui est devenu populaire comme la seringue Pravaz . Il y avait un piston entraîné par une vis afin qu'il puisse administrer des doses exactes .

Un autre chirurgien français , LJ Béhier , fait Pravaz de

invention connue dans toute l'Europe .

La BD , ou Becton , Dickinson and Company , un médecin

cabinet d' instrument , a été formé en 1897 . En Octobre de cette

année, ils ont vendu leur premier Luer hypodermique tout en verre

seringue . À la fin des années 1800 , ces seringues ont été largement

disponibles, mais il n'y avait pas beaucoup de médicaments injectables sur la

marché . Puis , en 1921 , a découvert l'insuline . Il devait

être injectée directement dans la circulation sanguine , ce qui a créé

un nouveau marché pour les aiguilles hypodermiques . B.D. a commencé à vendre

une seringue d' insuline pour les diabétiques , en 1924 .

En 1946 , Chance Brothers de Birmingham, en Angleterre ,

produite la première seringue tout en verre avec interchangeables

baril et le plongeur , qui a simplifié la masse stérilisation

de seringues . En 1954 , B.D. créé le premier produit en masse

seringue et une aiguille jetables . Il a été développé pour la masse

administration du nouveau vaccin Salk contre la polio à l'Amérique

enfants . En 1955 , les produits Roehr introduit la Monoject ,

la première seringue hypodermique à usage unique en matière plastique,

suivie par B.D. avec le Plastipak , en 1961 en plastique .

seringues dès remplacés celles en verre sur le marché. maintenant

entreprises développent des micro- seringues pour sans douleur

délivrer des quantités de médicaments précisément contrôlée .

LUNETTES DE SOLEIL

Inuits anciens , mieux connu comme les Esquimaux , portaient

verres en aplatie ivoire de morse pour bloquer solaire

éblouissement . Ces verres ont des fentes étroites de regarder à travers .

Lunettes de soleil fabriqués à partir de panneaux plats de quartz fumé , qui

protège également les yeux de l'éblouissement , ont été utilisés dans

Chine par le 12ème siècle . Documents décrivent aussi

l'utilisation de ces lunettes de soleil en cristal par les juges dans l'ancienne

Les tribunaux chinois pour dissimuler leurs expressions faciales , tout en

interroger les témoins .

Anglais opticien James Ayscough a commencé à expérimenter

avec verres teintés en spectacles autour 1752. Ayscough

croit que le verre bleu ou vert - teinté pourrait corriger

déficiences visuelles spécifiques . Lunettes teintées ont continué

être prescrite par un médecin tout au long du 19ème siècle .

Dans les années 1900 , l'utilisation de lunettes de soleil est devenu plus

répandue, surtout chez les stars de cinéma . Il est communément

croyait que c'était pour éviter la reconnaissance par les fans , mais

il aurait aussi pu être pour se protéger de la

lampes à arc puissants utilisés sur les plateaux de cinéma contemporain .

Sam Foster a introduit bon marché produits en masse

lunettes de soleil en Amérique en 1929 . Foster ont trouvé un prêt

marché sur les plages d'Atlantic City , New Jersey , où il a commencé à vendre des lunettes de soleil sous le nom de Foster Grant .

Lunettes de soleil étaient bientôt une rage .

Dans les années 1930 , l' Army Air Corps des États-Unis

commandé la firme optique Bausch & Lomb pour

produire des spectacles qui permettraient de protéger les pilotes de la

dangers de la haute altitude éblouissement . Ils ont créé un sunglassspecific

société appelée Ray-Ban , court pour l'interdiction

les rayons du soleil , pour créer les premières lunettes de soleil style aviateur .

Lunettes de soleil polarisées est devenu disponible en 1936 , quand

Inventeur américain Edwin H. Land a commencé à expérimenter

avec des verres polarisés . Ray-Ban aviateur conçu anti- éblouissement

lunettes de soleil de style en 1936 en utilisant la technologie de la terre . ils

utilisé un cadre légèrement tombantes pour protéger au maximum une

Les yeux de aviateur, qui ont besoin de regarder à plusieurs reprises vers le bas

vers le tableau de bord de l'avion. Fliers ont été émises

ces lunettes de soleil aviateur Ray-Ban , sans frais et le

publique a commencé à les acheter en 1937 .

On croit que les lunettes de soleil sont vraiment devenus «cool» pendant

La Seconde Guerre mondiale . Le style wayfarer , lunettes de soleil la plus vendue

conception de l'histoire , est né en 1953 . Une publicité intelligente

campagne par Foster Grant dans les années 1960 , en utilisant Hollywood

célébrités et le slogan Qui est derrière ces subventions Foster ?

contribué à faire des lunettes de soleil même plus à la mode .

RASER

Une forme primitive de la crème à raser a été documentée dans

Sumer vers 3000 avant JC . Une combinaison d'un alcali de bois

et de graisses animales a été appliquée à la barbe comme un rasage

préparation , similaire à la façon dont a été retiré de la fourrure

peaux d'animaux . Les anciens Egyptiens étaient parmi les

premières cultures à prendre au sérieux le rasage ; ils ont utilisé des animaux

des graisses et des huiles comme lubrifiants pour des rasoirs faits de bronze .

Barbiers grecs et romains huiles ou des savons quand souvent utilisés

brandissant des rasoirs de fer . Il y avait peu de nouveaux progrès

dans le rasage ou savons à barbe jusqu'à ce que les années 1700 .

Dans les années 1800 , les savons de mousse haute émergé comme un spécialisé

produit doit être utilisé que pour le rasage. Ces savons de rasage

ont été conçus pour créer une mousse plus rigide , plus durable

que les savons ordinaires. Le premier est apparu vers 1840 ,

quand Vroom et Fowler de New York ont commencé à vendre une

savon concentré qui fait mousser . Ils l'ont appelé Noyer

Militaire savon à raser huile . Dans les années 1900 , l'Amérique

botaniste et inventeur George Washington Carver créé

une crème qui était facile à stocker et à mousser gentiment , permettre au rasoir de glisser en douceur sur la peau.

Savons traditionnels de rasage sont encore disponibles aujourd'hui

ces décideurs que The Art of Shaving , Crabtree et Evelyn ,

et Geo . F. Trumper . En 1919 , Frank Shields , un ancien professeur du MIT , a développé

Barbasol , la première crème à raser . Le produit innovant

offert aux hommes une alternative à l'utilisation d'une brosse à travailler

savon en mousse . La formule Barbasol était à l'origine une

lotion épaisse qui a été conçu pour offrir un confort

raser pour les hommes avec des barbes difficiles et la peau sensible comme

lui-même. Son nom vient de la combinaison de latin

mot barba , ce qui signifie barbe , et la solution . Aujourd'hui , Barbasol

continue d'être l'une des plus grandes marques de produits de rasage ,

en particulier aux Etats -Unis.

Birmanie-Rasage , un autre brushless tôt , rasage pré- savonné

crème, a été introduit en Amérique par la Birmanie - Vita

entreprise en 1925 . Elle s'est rapidement apprécié pour son confort

et célèbres panneaux de rimes qui bordaient américain

autoroutes . Une des marques les plus populaires de la crème à raser

en Inde est Godrej . Le premier produit de rasage Godrej a été le

rasage bâton , qui a été introduit en 1932 .

La Seconde Guerre mondiale a contribué à l'invention de la pression

aérosol. La première boîte de crème de rasage sous pression

était montée , qui a été introduit par Carter - Wallace , un

Société de soins personnels américaine basée à New

York , en 1949 . Crème à raser en aérosol capturé presque

un cinquième du marché des préparations au sein d'un rasage

peu de temps et a été dominant depuis les années 1960 .

DENTIFRICE

Egyptiens utilisaient une pâte à nettoyer leurs dents autour

5000 avant JC , bien avant les brosses à dents ont été inventés . ce

crème dentaire probablement goûté terrible parce qu'il contenait

cendres poudre de sabots des bœufs , de la myrrhe , des œufs brûlés ,

pierre ponce et de l'eau . Un papyrus égyptien beaucoup plus tard , en date du

4ème siècle après JC , propose une autre formule consistant

purée de sel gemme , de la menthe , de l'iris et le poivre noir .

Grecs et les Romains utilisé dentifrices à laquelle

ils ont ajouté abrasifs tels que les os écrasés et huîtres

coquilles . Les Romains ont également ajouté des aromatisants pour aider à

la mauvaise haleine . Les anciens Chinois ont utilisé une grande variété de

substances , y compris le ginseng , bonbons à la menthe à base d'herbes , le sel et

même la poudre à canon . Au 9ème siècle , le grand penseur persan

Ziryab a inventé un type de dentifrice qu'il a popularisé

tout au long de l'Espagne islamique . Il était censé être à la fois

fonctionnel et agréable au goût, mais sa composition exacte

est inconnu .

Dentifrices et poudres est entré en usage général dans le

19e siècle en Grande-Bretagne et d'autres pays . La plupart étaient

toujours fait maison, avec de la craie , brique pulvérisé , ou sel ingrédients. En 1900 , une pâte faite de peroxyde d'hydrogène et

bicarbonate de soude a été recommandé pour une utilisation avec des brosses à dents . Dentifrices pré-
mélangés ont d'abord été commercialisés dans le 19ème

poudres siècle , mais dents sont restées plus populaire jusqu'à ce que

La Première Guerre mondiale D'autres innovations du 19ème siècle inclus

ajoutant glycérine pour le goût , et le strontium à renforcer

dents . En 1873 , Colgate & Company , fondée par William

Colgate à New York en 1806, a commencé la production de masse

le premier dentifrice dans un pot . En 1892 , le Dr W. Washington

Sheffield de New London , Connecticut , fabriqué

le premier dentifrice dans des tubes souples et vendu comme le Dr

Crème Dentifrice de Sheffield . Il a eu l'idée après que son fils

vu peintres à Paris serrant la peinture à partir de tubes .

Les tubes de dentifrice pliables d'origine étaient en

conduire , qui lessivé dans la pâte et parfois causé

saturnisme . Ce fait , combiné à une pénurie de plomb

pendant la Seconde Guerre mondiale , a conduit à leur remplacement par des

stratifié (aluminium , papier et plastique) des tubes par la

1940 et des tubes en plastique complètement aujourd'hui .

Fluorure a été ajouté à dentifrices dans les années 1890 pour

la prévention des caries . Mais c'est seulement en 1955 que Procter

& Gamble a lancé Crest, le premier prouvé cliniquement

dentifrice contenant du fluorure . Dentifrice à rayures , avec

deux couleurs différentes , a été inventé par un New-Yorkais

nommé Leonard Marraffino en 1955 et le premier commercialisé par

Unilever Stripe au début des années 1960 .

Coupe-ongles et des fichiers

Coupe-ongles , également appelés ciseaux à ongles ou coupe-ongles , sont

généralement en acier inoxydable, mais peut également être faite de

matière plastique ou d'aluminium. Il existe deux types - les communes

pince et le levier de composé . La plupart des coupe-ongles sont

avec un autre outil fixé , qui est utilisé pour enlever la saleté

de clous . Ils contiennent souvent aussi un fichier miniature pour

manucure les aspérités de couper les ongles .

L'inventeur de la coupe des ongles n'est pas vraiment connue et

dispositifs similaires ont été utilisés depuis l'Antiquité. la

premier brevet américain pour une amélioration d'un coupe- ongle ,

ce qui signifie qu'un tel dispositif existe déjà, semble

ont été accordés en 1875 à Saint-Valentin Fogerty de Boston ,

Massachusetts . Le dispositif de Fogerty nécessaire à l'utilisateur de placer

le doigt dans une cavité concave d'une lame à une extrémité et

regardé tout à fait différente de tondeuses modernes . D'autres brevets

pour l'amélioration de coupe- ongles ont été faites

au cours des prochaines années par des inventeurs américains tels que

William Edge, John Hollman , Eugène Heim et Célestin

Matz , George Coates , et la chapelle Carter . Autour de 1928,

Carter , qui est devenu président de la H.C. cuire Société

de Ansonia , Connecticut , a affirmé que leur ongle Gem

cutter fait sa première apparition en 1896 . Autres tôt

Les constructeurs américains sont les L.T. Société Neige et le roi Klip Société de New York .

En 1947 , William E. Bassett , qui avait commencé le WE Bassett

Société à Derby , dans le Connecticut , en 1939 , a développé le

Coupez coupe-ongles . Il fut le premier à être faites en utilisant moderne

procédés de fabrication, des méthodes adaptées

utilisé par son entreprise pour fabriquer des composants d'artillerie pour la

L'armée américaine pendant la Seconde Guerre mondiale . Il a utilisé la jawstyle supérieure

la conception qui a été autour depuis le 19ème siècle

mais il a ajouté deux plumes près de la base du fichier pour prévenir

le déplacement latéral du bras de levier quand il a été fermé ,

remplacé le rivet coincé avec un rivet crantée , et ajouté

un pouce embardée breveté dans le levier . Cette conception encore

domine le marché aujourd'hui .

Dans les années 1940 , Bassett a présenté le haut de gamme

Croydon ongles coupe , qui a été marqué avec un Clippership

emblème et promu dans le magazine Esquire pour le

commerce de bijouterie . Malheureusement, le Croydon était

pas un succès commercial. Mais W.E. Bassett continue

être un important fabricant d'outils de beauté personnels .

Leur gamme de produits Garniture a évolué pour inclure plus

de 150 produits . D'autres fabricants modernes comprennent

Evenflo (Chine) , 777 (Three Seven , Corée) , et DOVO

Solingen (Allemagne) .

PAPIER DE TOILETTE

La première utilisation documentée de papier de toilette dans l'histoire humaine

remonte au 6ème siècle de notre ère, en Chine . En 589 après J.-C., l'

savant officielle Yan Zhitui a écrit : «Livre sur lequel il

sont des citations ou des commentaires des Cinq Classiques ou

les noms des sages , je n'ose pas utiliser à des fins sanitaires .

Les Chinois ont été la fabrication du papier de toilette sur un

échelle industrielle par le Moyen Age . Au début des années 14

siècle, la province du Zhejiang seul fabriquait dix

millions de colis chaque année . En 1393 , pendant la dynastie Ming

Dynasty , 15000 feuilles de spécialement parfumé , doux - tissu

papier de toilette ont été faites pour l'empereur Hongwu de impériale

famille . La cour impériale à Nanjing également utilisé sur

720 000 feuilles de papier toilette par an. Le 16ème siècle

Écrivain satirique français François Rabelais a écrit à propos de toilette

papier dans son roman - séquence Gargantua et Pantagruel .

Voici Gargantua rejette l'utilisation du papier comme inefficace ,

rimes que : « Qui la queue avec du papier essuie faute , sont

à ses couilles laisser quelques jetons .

Américain Joseph Gayetty est largement considéré comme le

inventeur du moderne toilette disponible dans le commerce

papier en 1857 . Sa papier Medicated prétendait empêcher

hémorroïdes et a été vendu en paquets de feuilles plates en filigrane avec le nom de l'inventeur . l' invention

de laminé et du papier hygiénique perforé est attribuée à l'

Albany perforé emballage Paper Company en 1877 et

à la Scott Paper Company en 1879 . En 1928 , la Hoberg

Paper Company de Green Bay , Wisconsin , a présenté

Charmin , une autre marque populaire .

En 1942 , Paper Mill St. Andrew du Royaume-Uni a introduit plus doux

papier hygiénique à deux épaisseurs . Une blague faite par l'animateur de télévision américain

et le comédien Johnny Carson en 1973 a incité les téléspectateurs

manquer de magasins et de commencer la thésaurisation , la création d'un

artificielle pénurie de papier toilette .

Aujourd'hui , 26 milliards de rouleaux de papier de toilette sont vendus chaque année dans

Amérique avec une moyenne de 23,6 rouleaux par habitant par an ,

ou 57 feuilles par jour . Les femmes ont tendance à utiliser beaucoup plus

papier toilette que les hommes .

Saviez-vous ?

Quarante- neuf pour cent des répondants de l'enquête a choisi toilette

papier comme la seule nécessité qu'ils aimeraient prendre une

île déserte .

L'armée américaine a utilisé du papier toilette pour camoufler ses réservoirs

en Arabie saoudite au cours de la première guerre du Golfe .

Capsules de drogue

Aujourd'hui, il existe deux principaux types de capsules de drogue ,

carapace dure , utilisé pour les substances sèches , poudre , et

à carapace molle , utilisée pour des liquides huileux . En 1834 , un Français

étudiant en pharmacie nommé François Mothes et son

partenaire , pharmacien Joseph Dublanc , a inventé une méthode

de production de capsules de gélatine molle seule pièce scellés

avec une goutte d' une solution de gélatine . Ils ont utilisé des moules en fer

pour faire leurs capsules et les remplit individuellement avec

un compte-gouttes .

Mothes et capsules molles brevetés Dublanc , à la fois remplis

et vide , est immédiatement devenu populaire en France .

Mais ils ont cessé de vendre des capsules vides en 1837 . L'

résultat a été une demande croissante pour les capsules vides et

il y avait plusieurs tentatives pour surmonter le brevet par

création de nouveaux designs . En 1846 , un pharmacien parisien Jules

Lehuby inventé gélules deux pièces , composé de

chevauchement capitalisation et le corps des morceaux similaires à ceux utilisés

aujourd'hui. Les coquilles étaient à l'origine de l'amidon ou de tapioca

sucré avec du sirop . James Murdock de Londres était

accordé un brevet britannique en 1848 pour la première en deux pièces

gélule entièrement faite de gélatine . Murdock , qui

a été un agent de brevet , ait pu agir pour Lehuby .

Les gélules ont été initialement faites en deux parties puis assemblées à la main . Mais il était difficile d'obtenir

suffisamment de précision pour faire les pièces s'ajustent correctement. En 1913 , la Société Colton de Detroit , Michigan , inventé

la machine d'empilage en collaboration avec l'American

société pharmaceutique Eli Lilly pour résoudre ce problème .

Les machines qui font gélules aujourd'hui sont basés

sur leur invention .

Toutes moderne encapsulation - gel mou est fondée sur un procédé

développé par l'inventeur américain prolifique Robert Scherer ,

en 1933 . Il a utilisé un poinçon rotatif pour produire les capsules

et les remplit par moulage par soufflage . Cette méthode réduit

gaspillage et capsules produites avec une grande répétabilité

dosages . Scherer a travaillé en sous-sol de métal de son père

magasiner pour trois ans pour développer sa machine . il a ensuite

formé la gélatine produits Société de commercialiser son

invention . La nouvelle société a été un succès immédiat

et est devenu le RP Scherer Corporation en 1947 . L'

propriétaire actuel de la technologie RP Scherer est Catalent

Pharma Solutions , le plus grand fabricant mondial de

gélules .

Saviez-vous ?

La gélatine est fabriquée à partir de collagène récoltées à partir de

peau d'animal ou d'os . C'est un problème pour les végétariens ,

végétaliens, et ceux qui observent certaines lois religieuses , et

gélules afin végétariens sont maintenant disponibles.

LIPSTICK

Femmes mésopotamiennes anciennes étaient peut-être le premier à

inventer et porter du rouge à lèvres . Ils ont utilisé des pierres concassées ,

argile rouge, rouille , henné , et les algues pour décorer leurs lèvres .

Les anciens Egyptiens créé un rouge à lèvres pourpre profond de

algues , l'iode, le brome et le mannitol qui a été hautement

maladie grave et toxique causé . Cléopâtre VII , qui

statué 50-31 BC , rouge à lèvres utilisé à base de concassé

cochenilles , qui donnent un pigment rouge profond connu

comme le carmin . Rouges à lèvres avec un effet chatoyant à l'origine

utilisé une substance nacrée trouvé dans les écailles de poisson .

Pendant le Moyen Age , l' esthéticienne notable arabe

et chirurgien Abu al-Qasim al - Zahrawi (Abulcasis)

rouges à lèvres solides inventés , qui étaient des bâtons parfumés

laminées et pressées dans des moules spéciaux. Mais dans Medieval

Europe, le rouge à lèvres a été considérée comme une incarnation de Satan

et a été interdit par l'église .

Coloration des lèvres a commencé à retrouver une certaine popularité dans le 16ème

siècle en Angleterre où lèvres rouge vif et un blanc immaculé

visage est devenu à la mode. Mais au 17e siècle , les rouges à lèvres

et autres produits cosmétiques sont sortis de nouveau à la mode . En 1653 ,

un pasteur anglais du nom de Thomas Hall a mené un mouvement

proclamant que la peinture de visages était l'œuvre du diable . En 1770 , une loi a même été adoptée par le Parlement britannique

déclaré que les mariages seraient annulées si la femme

portait cosmétiques avant le jour de son mariage .

Cosmétiques antérieures restées inacceptable pour respectable

Les femmes européennes, mais les attitudes ont commencé à changer dans le

1850 et le premier rouge à lèvres commercial a été inventé en

1884 par les parfumeurs de Paris. Il était couvert de papier de soie

et fabriqué à partir de cerf suif, l'huile de ricin , et de cire d'abeille. à

ce moment-là , le rouge à lèvres a été vendu dans des tubes de papier , papier teinté , ou

petits pots . James Bruce Mason Jr. de Nashville , Tennessee ,

breveté le tube de rouge à lèvres moderne pivotant en 1923 .

En 1927 , le chimiste français Paul Baudercroux inventé une

formule appelée Rouge Baiser . Il s'agissait du premier durable

rouge à lèvres . Ironiquement , Rouge Baiser a été trop dure longtemps ! Il était

si difficile à enlever qu'il a été banni du marché.

Dans les années 1940 , Hazel Bishop, un chimiste organique à New

York , menée sur trois cents expériences avec

différents prototypes de rouge à lèvres dans sa cuisine . elle a finalement

créé le premier , rouge à lèvres non - étalement durable moderne ,

appelé No- frottis . En 1950 , elle a formé Hazel évêque Inc. à

promouvoir son baiser épreuve invention , commercialisé comme « reste sur vous

... Pas sur lui. Son entreprise a prospéré et a rapidement attiré

concurrents tels que Revlon . Aujourd'hui , aromatisé et organique

rouges à lèvres sont de plus populaire .

chapsticks

Les gens ont été conçoivent des remèdes pour les lèvres gercées

depuis les temps anciens . Archives chinoises montrent que la forme

des lèvres baume a été utilisé dès le Han de l'Est

dynastie (25, - 220 après J.-C.) . Un début à la mi- 18e siècle

Livre américain décrit un remède pour les lèvres gercées pour

les mères qui allaitent :

Pour guérir Chopt Lipps & c .

Prenez deux onces : de cire d'abeilles et cutt en morceaux ou bittes et 1

Gill de bonne oyl doux réglé sur un feu quand Effacer

Dissous le verser dans une Effacer Bason et il sera quand

Coal'd une bonne Oyntment pour les mamelons douloureux aussi toute

Chose de ce genre .

Au début des années 1880 , le Dr Charles Browne flotte , un Américain

médecin de Lynchburg , en Virginie , a inventé ChapStick

comme baume pour les lèvres . Son vendus localement , le produit fait à la main

ressemblait à une bougie sans mèche enveloppés dans une feuille d'étain . En 1912 ,

John Morton a acheté les droits sur le produit de cinq

dollars et la production a commencé de la ChapStick rose

dans sa cuisine . Son entreprise a été un tel succès que

produit de la vente ont été utilisés pour fonder la Morton

Manufacturing Corporation . En 1963 , l' AH Robins Société a acquis ChapStick

des Mortons . A cette époque , seulement ChapStick lèvres

Bâton régulier baume a été lancée sur le marché pour les consommateurs.

Par la suite , beaucoup plus de variétés ont été introduites .

Il s'agit notamment de quatre bâtons parfumés ChapStick Baume pour les lèvres

en 1971 , ChapStick écran solaire 15 en 1981 , ChapStick

Gelée de pétrole plus en 1985 , et ChapStick Medicated

en 1992 . skieur américain Suzy Chaffee était un porte-parole

pour la marque dans les années 1970 et est devenu connu comme Suzy

ChapStick . Ancien skieur américain Picabo Street est maintenant

souvent vu sur leurs publicités à la télévision .

ChapStick est maintenant détenue par Pfizer , qui a vendu le

usine de fabrication à Richmond, en Virginie , en 2011 à

Fareva , une société française qui fabrique maintenant et

forfaits chapsticks pour Pfizer .

Saviez-vous ?

En 1972 , les tubes ont été modifiés avec ChapStick caché

microphones et utilisé par les agents de la Maison Blanche G.

Gordon Liddy et E. Howard Hunt quand ils ont cassé

dans le siège du Comité national démocratique

au complexe de bureaux du Watergate à Washington , DC . la

scandale résultant a finalement conduit à la démission de

Richard Nixon le 9 Août , 1974 - le seul démission

d'un président des États-Unis jusqu'à ce jour .

DENTIERS

La preuve la plus ancienne de prothèses dentaires ou de fausses dents a été trouvé par les archéologues au Mexique . Ils ont trouvé un squelette datant

retour à 2500 avant JC, dont les dents de devant ont été sol

en bas , sans doute pour faire de la place pour les prothèses en loup

dents . Autour de 700 avant JC , les Étrusques dans le nord de l'Italie a fait

prothèses sur les dents humaines ou animales qui ont été fixés

avec des fils d'or ou des bandes . Ce sont détériorées rapidement, mais

étaient faciles à produire . Il y avait peu de progrès

jusqu'à ce que le 18ème siècle . Les prothèses dentaires ne sont pas commun et

dents manquantes était la norme, même parmi les nobles .

La Reine Elizabeth I d'Angleterre mets tissu blanc dans les lacunes

à regarder mieux en public .

La plus ancienne prothèse complète est faite de bois et

remonte au 16 siècle au Japon . Au cours de la 18ème

siècle, les dentistes européens utilisés morse , éléphant , et

ivoire d'hippopotame pour fabriquer des plaques de prothèses dans lequel

dents pourraient être fixés . Mais ils ont été attaqués par la

acides dans la salive , goûté terrible , et bientôt pourri . De plus,

premières prothèses ont dû être retirés avant de manger, car ils

ne sont pas suffisamment en sécurité à mâcher avec .

Le premier président américain , George Washington , avait prothèses

en ivoire sculpté d'hippopotame dans lequel les dents âne humain , cheval , et ont été équipés .
Cependant, ils étaient

très douloureux et déformé sa bouche . De ce fait,

son second discours d'investiture était le plus court de toute États-Unis

Président de la date - cela n'a duré que 90 secondes !

Les dents de morts est devenu populaire pour les prothèses et étaient facilement accessibles en temps de guerre . Par exemple , après la bataille

de Waterloo , il y avait une surabondance de dents arrachées à Waterloo

Les cadavres des soldats sur le champ de bataille . Au cours de l'American

Guerre civile , de barils de ces dents ont été expédiés vers

Europe. Dents ont également été extraites de criminels exécutés ,

volé par des pilleurs de tombes , ou même acheté des pauvres .

Les premières prothèses de porcelaine ont été faites dans les années 1770 par

Alexis Duchâteau , un apothicaire français . après plusieurs

échecs , il a créé un design pratique qui est devenue très

populaire . Cependant, ils étaient enclins à puce et regardaient

trop blanc pour être convaincante . Son ancien assistant Nicholas

De Chemant reçu le premier brevet pour prothèses dentaires en 1791 .

En 1820 , Claudius Ash de Londres a commencé la fabrication

l'amélioration des prothèses en porcelaine montés sur or 18 carats

plaques . Depuis les années 1850 , Vulcanite , une forme de durci

caoutchouc , a commencé à remplacer l'or , ce qui a réduit de manière significative

coûts . Au début du 20e siècle, les prothèses ont été faites

à partir de résine acrylique et d'autres matières plastiques . Aujourd'hui, ils tiennent pleinement

avantage de nouveaux alliages et des matières plastiques .

DEODORANTS

Une grande variété de désodorisants sont utilisés depuis

l'antiquité . Les anciens Egyptiens se livraient à parfumé

bains , tandis que les Grecs et les Romains antiques fréquemment

utilisé les parfums et les huiles aromatiques . Mais avec la chute de

Rome , le penchant pour la baignade a été également perdu . parfois

sels de roche ont été utilisés comme un déodorant dans certaines parties de l'Asie . dans

9ème siècle , le grand penseur arabe ou persane Ziryab

déodorants introduites dans l'Espagne mauresque .

Le premier déodorant commercial , la maman, a été introduit

et breveté en 1888 par un inventeur américain inconnu .

Maman était à l'origine un chlorure et de la cire de pâte de zinc ou

crème. Ce fut bientôt suivi par Everdry , un aluminium

sur la base du chlorure anti-transpirant.

En 1900 , une multitude d' antitranspirants dans une variété de formes

à partir des pâtes, des sticks, dabbers , des poudres et crèmes pour

roll-ons sont disponibles sur le marché . Mais l'odeur corporelle

a été considérée comme une question privée et la plupart des gens ont

ne pas les utiliser . Il a fallu la publicité intelligente pour les consommateurs

être convaincus de leurs avantages . La campagne pour un

antisudorifique nommé Odorono , conçu par un ancien

porte -à-porte vendeur Bible du nom de James Young, était

important à cet égard . Il dépeint l'odeur de corps comme un faux sociale Pas que personne ne vous dira directement été

responsable de votre impopularité , mais qu'ils étaient

heureux de bavarder derrière votre dos sur .

Déodorants est devenu populaire chez les femmes dans le

Années 1920, mais les hommes ont continué à associer l'odeur de corps avec

masculinité . Donc, la publicité a commencé à cibler les hommes par s'attaquant à leurs insécurités , comme perdre leur emploi en raison

à l'odeur corporelle. Ce fut une perspective terrible au cours de la

Grande Dépression . Top-Flite , déodorant les premiers hommes ,

a été lancé en 1935 et conditionnée dans un flacon noir.

Un autre déodorant masculin , Sea- Forth , a été vendu en céramique

cruches de whisky apparaissent comme masculin que possible .

Dans les années 1940 , Edward Gelsthorpe suggéré la conception

un applicateur de déodorant sur la base de stylos à bille . son idée

a été développé par le chimiste Helen Diserens . En 1952 , Bristol-

Myers a commencé à commercialiser comme Ban Roll-On . Le produit était

un succès , bien que de nombreux consommateurs masculins les éviter

parce que les poils des aisselles a été pris dans les applicateurs .

Inventeur et chimiste américain cosmétique Dr Jules

Bernard Montenier breveté la formulation moderne

de l' anti-transpirant en 1941 . Right Guard de Gillette était

le premier anti-transpirante en aérosol , au début des années 1960. Aujourd'hui .

environ 95 pour cent des Américains utilisent déodorant .

POUR EN SAVOIR PLUS

. 1 The Kid qui a inventé le Popsicle : Et Autres

Histoires surprenantes sur les inventions de Don L. Wulffson ,

broché - 128 pages (1999), Puffin .

2 . Erreurs qui ont travaillé par Charlotte Foltz Jones et

John O'Brien (illustrateur) , livre de poche - 48 pages (1994) ,

Doubleday .

3 . Origines extraordinaires de Panati de Everyday Things par

Charles Panati , livre de poche - 480 pages , édition de réédition

(Septembre 1989) , HarperCollins .

. 4 l'évolution des choses utiles : Comment objets du quotidien

- De Forks et Pins Trombones et Fermetures - Entré

être comme ils sont par Henry Petroski , livre de poche - 304

pages (1994) , Vintage .

www.ingramcontent.com/pod-product-compliance
Lightning Source LLC
Chambersburg PA
CBHW051648170526
45167CB00001B/373